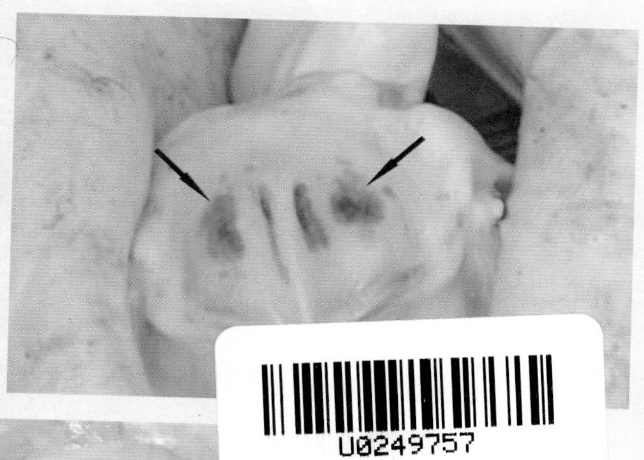

猪瘟：病猪喉头黏膜片状出血

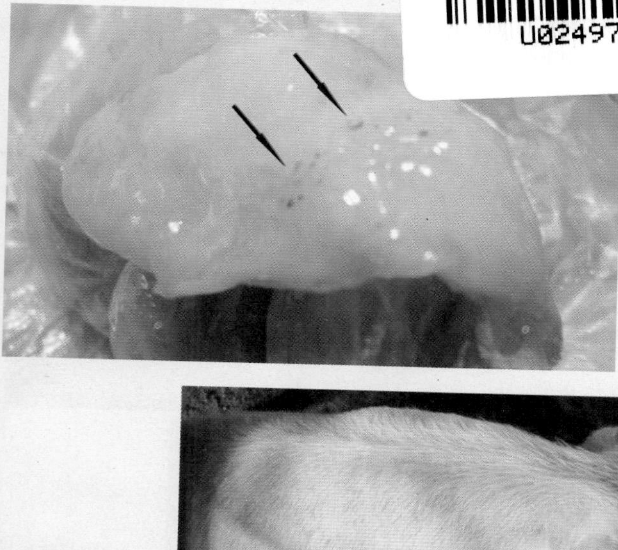

猪瘟：病猪膀胱黏膜点状出血

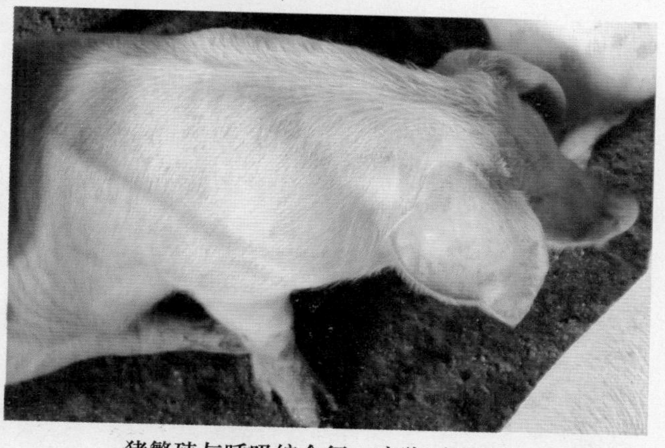

猪繁殖与呼吸综合征：病猪两耳发紫

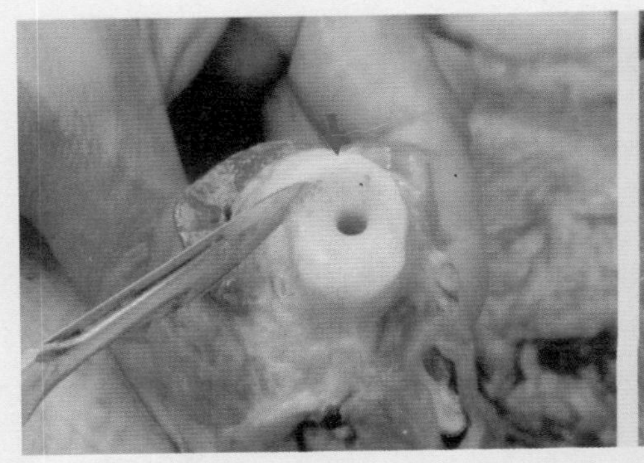
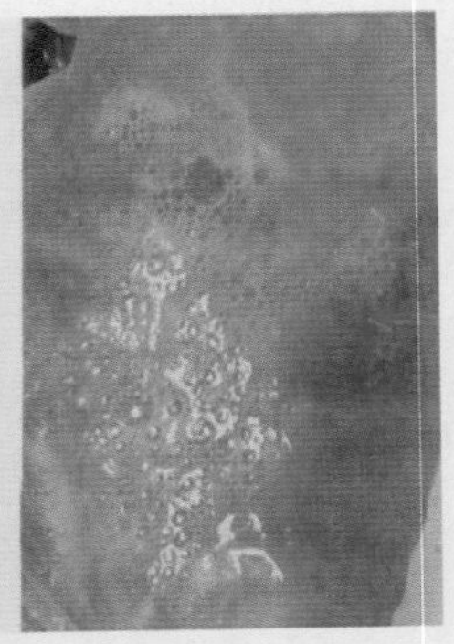

猪繁殖与呼吸综合征：病猪肺脏和气管内蓄积大量泡沫状渗出物

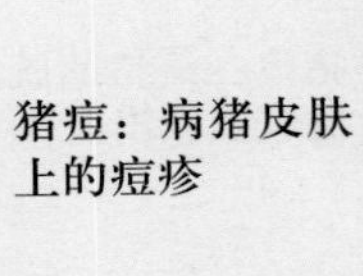

猪痘：病猪皮肤上的痘疹

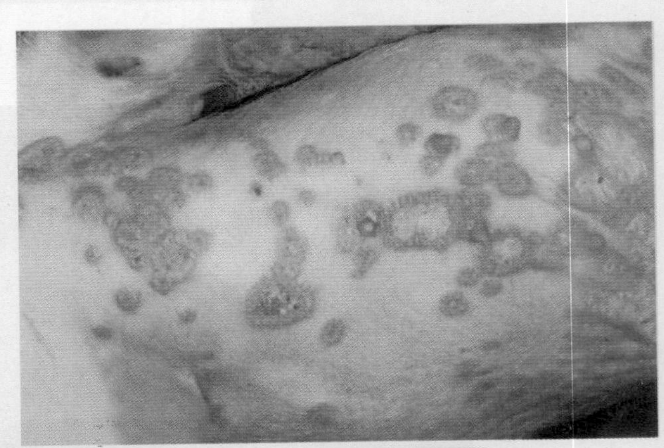

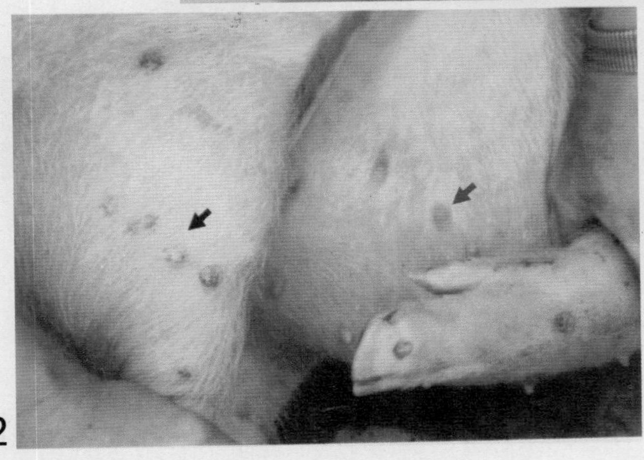

猪痘：病猪四肢和腹部皮肤上的圆形痘疹

猪链球菌病：
病猪肾脏的
出血点

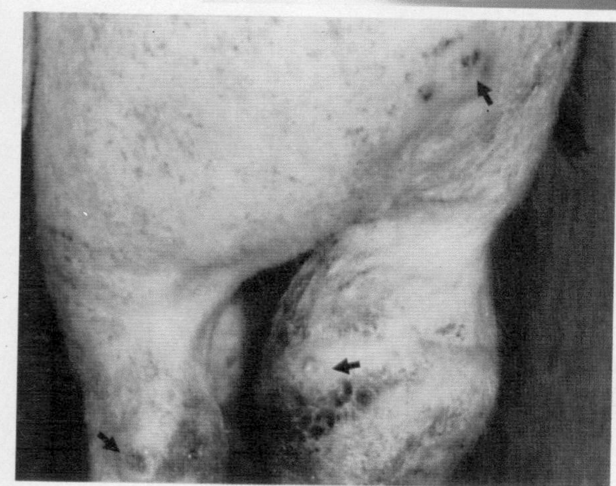

猪链球菌病：病猪单肢发生链球菌性关节炎，可见脓肿和破溃

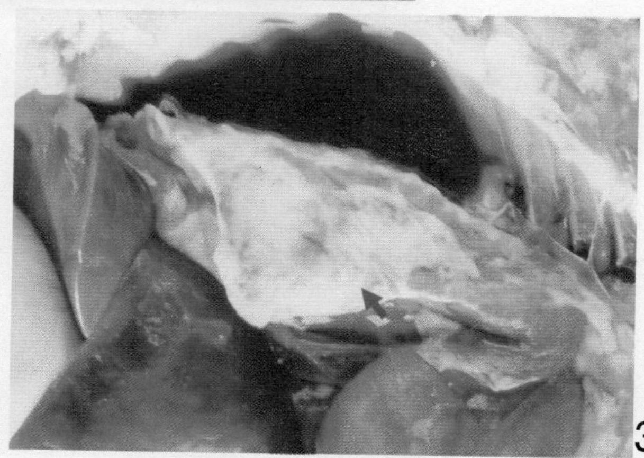

猪接触性传染性胸膜肺炎：病猪肺脏表面的纤维素性附着物

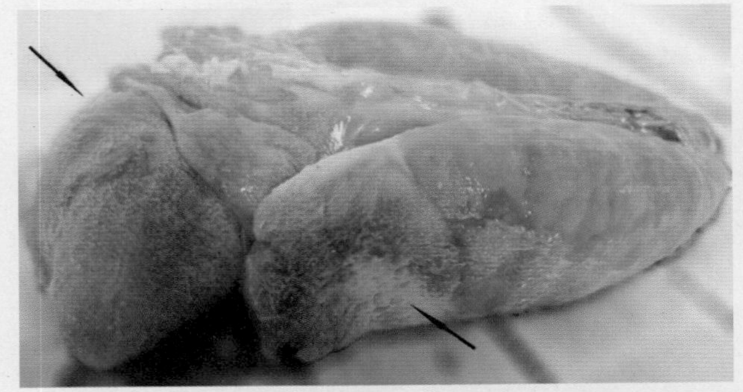

猪接触性传染性胸膜肺炎：病猪心脏、肺脏表面的纤维素性附着物

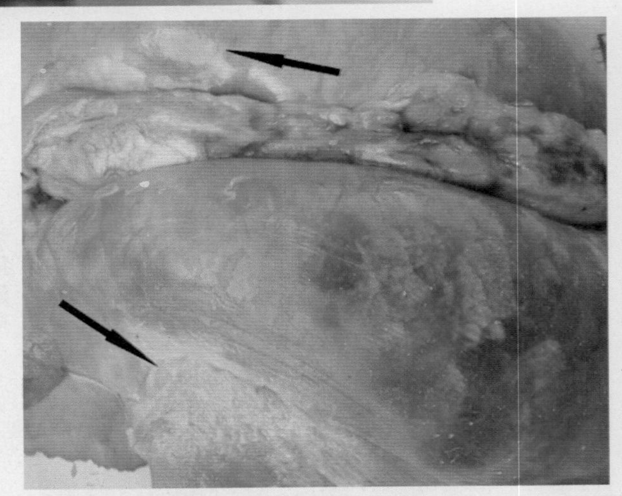

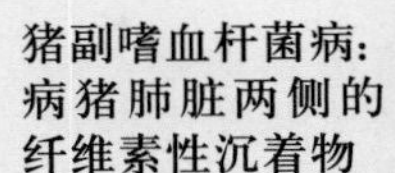

猪副嗜血杆菌病：病猪肺脏两侧的纤维素性沉着物

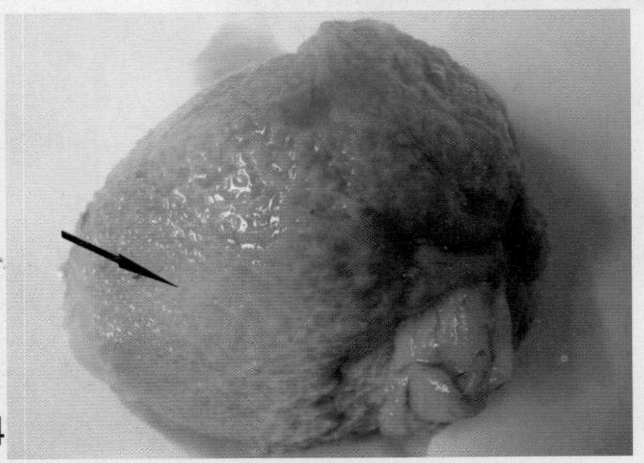

猪副嗜血杆菌病：病猪心脏表面的纤维素性沉着物

猪病诊治150问

李学伍　王自振　编著

金盾出版社

内 容 提 要

本书由河南省农业科学院李学伍博士、河南农业大学王自振教授精心编著。全书以问答形式，详细介绍了猪病诊治的基础知识以及猪病毒病的诊治、猪细菌病的诊治、猪寄生虫病的诊治、猪维生素缺乏症和中毒性疾病的诊治、猪普通病的诊治等。文字通俗易懂，内容科学先进，技术可操作性强，适合养猪场(户)技术人员、基层兽医工作者以及农业院校相关专业师生阅读参考。

图书在版编目(CIP)数据

猪病诊治 150 问/李学伍，王自振编著．—北京：金盾出版社，2009.12(2018.5 重印)

ISBN 978-7-5082-6020-4

Ⅰ.①猪… Ⅱ.①李…②王… Ⅲ.①猪病—诊疗—问答 Ⅳ.①S858.28-44

中国版本图书馆 CIP 数据核字(2009)第 180840 号

金盾出版社出版、总发行

北京市太平路 5 号(地铁万寿路站往南)

邮政编码：100036 电话：68214039 83219215

传真：68276683 网址：www.jdcbs.cn

封面印刷：北京天宇星印刷厂

彩页正文印刷：北京天宇星印刷厂

装订：北京天宇星印刷厂

各地新华书店经销

开本：787×1092 1/32 印张：7.125 彩页：4 字数：149 千字

2018 年 5 月第 1 版第 8 次印刷

印数：47 001～50 000 册 定价：19.00 元

前　言

我国是养猪大国，猪的饲养量占世界首位，养猪业在我国国民经济中占有重要地位。养猪业的健康发展对稳定人民生活和提高人民生活质量具有很大的促进作用。养猪业的健康发展离不开疾病防治，疾病防治的效果直接关系到养猪生产的成败。掌握猪病的诊断、治疗和预防技术，采取科学有效的诊治措施，是养猪业健康发展的重要保障。为了我国养猪业生产的实际需要，满足一线养猪技术人员渴望实用技术的要求，笔者根据多年从事猪病研究和猪病诊治的实践经验，在详细阅读国内外相关文献资料、征求基层兽医工作者和该领域有关专家意见的基础上，编写了《猪病诊治 150 问》一书，书中部分图片由其他从事临床、教学的专家提供，在此深表感谢。

本书为猪病防治工作的工具书，共包括 6 个部分涉及 150 个问题，第一部分阐述了猪病诊治的基础知识，第二部分阐述了猪病毒病的诊治，第三部分阐述了猪细菌病的诊治，第四部分阐述了猪寄生虫病的诊治，第五部分阐述了猪维生素缺乏症和中毒性疾病的诊治，第六部分阐述了猪普通病的诊治。

本书注重科学性和实用性，内容丰富，重点突出，通俗易懂，可供养猪场(户)技术人员、基层兽医工作者、农业院校相关专业师生阅读参考。

由于笔者水平有限，书中错误、遗漏之处在所难免，敬请广大读者批评指正。

编著者

目　录

一、猪病诊治的基础知识

1. 猪病诊断的概念是什么？

所谓猪病诊断就是认识猪病的过程，通过流行病学调查、临床分析、病理剖检、微生物检验、血清学测定等手段，确定猪病的名称、性质，判定疾病的预后，提出对疾病的处理意见，制定正确的防治方案，并建立切实可行的防治措施。

2. 怎样对猪病做出正确诊断？

正确诊断猪病是控制猪病继续发生和减少经济损失的重要手段之一。猪病的诊断是通过询问病史，了解猪病的流行特点、临床症状、病理变化、药物疗效等信息，将收集到的各种信息与实验室检验结果相结合，然后进行客观的、实事求是的综合分析，最终得出正确的诊断结果。

(1)询问病史 诊断猪病必须了解病史，了解病史对猪病的正确诊断具有重要意义，尤其是中毒性疾病。

(2)流行特点 疾病的流行特点也是正确诊断猪病的重要参考依据之一，主要掌握发病猪是群发还是散发，是急性还是慢性，疫病的发生与猪的日龄、性别、季节、所在区域是否有一定关系等。

(3)临床症状 主要掌握以下信息：①外观体征，如精神、眼神、被毛、走路状态等；②体温变化，如体温升高或下降；③全身各个系统的变化，如循环系统、呼吸系统、消化系统、泌尿生殖系统和神经系统等。

(4)病理变化 病理变化是正确诊断猪病的重要线索，有些疾病发生时临床症状并不明显，甚至是发病后突然死亡，病程很短，来不及进行临床检查。因此，就需要通过对病死猪的尸体剖检，依据各个组织器官的病理变化，结合疾病的流行情况与生前特征，才能做出比较正确的诊断。

(5)实验室检查 某些猪病虽经过临床诊断和病理剖检，但对得出的诊断结果仍有疑问时，就需要进一步做实验室检查，实验室检查主要包括病毒分离鉴定、细菌培养、血清学以及分子生物学试验等。

总之，通过上述检查、检验后，再进行系统的综合性分析，最后即可得出正确的诊断结果。

3. 猪的体征变化与疾病有什么关系？

猪的一些特定姿势常预示着疾病的存在和发生。如猪呈犬坐姿势提示呼吸困难，常见肺炎、心功能不全、胸膜炎或贫血，站立时头颈向前伸直也表示呼吸困难；患有胸膜炎的猪通常弓背站立，有跛行的病猪通常不愿站立；头颈歪斜或做圆周运动常见于中耳炎、内耳炎、脑膜炎、脑脓肿，头颈弯曲或圆周运动方向均以患侧为中心。

健康猪总是两耳竖立或前伸，如两耳下耷或后贴预示猪的精神状态不佳，乱冲乱撞、对外界声音无反应预示猪可能耳聋或眼瞎。

白猪皮肤颜色变蓝预示循环障碍即严重的呼吸系统疾病，如患猪繁殖与呼吸综合征、猪瘟、猪肺疫、猪气喘病、猪流行性感冒等；皮肤变红、出现红色斑点或疹块预示充血、出血、发热或感染。

猪皮肤上有小点状出血，且常发于腹侧、股内、颈侧，多为猪瘟、猪肺疫、急性副伤寒等病的特征，较大的充血性疹块常预示猪丹毒的发生。

猪的口、鼻及周围皮肤或指(趾)部出现小水疱，并可迅速传播，预示口蹄疫或传染性水疱病的发生；皮肤上出现豆粒大小的疱疹，如呈现蔷薇疹、水疱、脓肿、结痂的定期和分型经过，且常出现在鼻盘、头面部、躯干和四肢被毛稀疏部位，则预示猪痘的发生；体表皮肤有较大的坏死和破溃，预示可能发生坏死杆菌病；皮肤增厚、粗糙，形成皱褶，硬度增加，弹性下降甚至龟裂，病猪经常摩擦皮肤，预示猪患有疥癣病。

体温升高预示动物机体受到病原微生物、生物毒素的侵袭，或有其他有毒物质进入体内；体温下降至常温以下常见于衰竭病、严重营养不良、低血糖症、大出血、内脏破裂、中毒症状的晚期以及很多疾病的濒死期。

4. 猪的采食、饮水变化与疾病有什么关系？

(1)食欲减少或废绝 食欲减少主要见于消化器官的各种疾病和热性病，如全身衰弱、消化和代谢功能紊乱、传染病等；食欲废绝预示疾病的严重性。

(2)食欲亢进 食欲亢进常见于重病恢复期、代谢障碍性疾病和一些寄生虫病等。

(3)饮欲增加与减少 饮欲增加多见于热性病、大出汗、食盐中毒、严重腹泻等；饮欲减少多见于脑炎和胃肠疾病。

(4)异食 是指猪采食正常情况下不会食用的东西，如泥土、墙皮，母猪食仔、吞食胎衣，仔猪相互咬尾等。异食预示着矿物质、微量元素缺乏。

(5)采食困难 采食困难预示舌、咽、食管出现疾病或患破伤风。破伤风严重时，病猪采食、咀嚼、吞咽均不能进行。

5. 怎样测量猪的体温？测量时应注意哪些问题？

一般情况下猪的正常体温为38℃～39.5℃，在排除生理性影响之后，体温升高或下降均预示猪已处于发病状态。猪的体温是衡量猪健康状况的一个重要指标，获得正确的体温数据非常必要。猪的体温常以猪的直肠温度为准，采用兽用体温计或人用体温计插入猪的肛门中进行测量，具体的测量方法如下：先将体温计的水银柱甩至35℃以下，再用75%酒精或0.1%新洁尔灭棉球擦拭温度计。然后一手将猪尾根部提起，另一手持体温计缓缓插入肛门中，放下尾巴，用拴在体温计上的夹子，夹在猪尾部的毛上固定体温计，若无夹子可用手轻轻按住，使体温计在肛门内放置一定时间（3～5分钟）。取出后读取水银柱上端对应的度数即可。测定后将温度计用消毒棉球擦拭，以备下次使用。

猪的直肠温度波动较大，猪在运动或受刺激后直肠温度升高很快，此时测量则体温偏高。当猪处于静止或躺卧状态时，测得的体温最具代表性。如果直肠、肛门内有粪球，应让粪球排出后再测体温，否则测得的体温不准确。另外，插入体温计时一定注意不要损伤直肠黏膜。

6. 引起猪发病的致病因素有哪些？

猪的任何一种疾病都由特定的致病因素引起，了解和掌握猪的致病因素，有利于采取有效的预防措施，消除致病因素的存在，阻止疾病的发生和传播，常见的致病因素有以下几种。

(1)病原微生物　病原微生物主要包括病毒、细菌、放线菌、螺旋体、立克次体、支原体、衣原体、真菌等。病原微生物可通过不同途径进入猪体内并在其中生长繁殖，引起猪机体组织结构和功能损伤，导致各种传染病的发生。

(2)寄生虫 寄生虫的种类很多，常见的有蛔虫、细颈囊尾蚴、弓形虫、住肉孢子虫等，寄生虫进入猪机体后寄生于肠道、组织和血液内，堵塞肠道、压迫组织、破坏细胞，同时释放有毒产物，导致机体发病。

(3)矿物质和维生素缺乏 矿物质（如钙、铁、锌等）和维生素（如维生素 A、B 族维生素等）缺乏均可导致猪代谢性疾病的发生。

(4)毒物 亚硝酸盐、食盐、有机磷、黄曲霉毒素、赤霉烯酮、添加剂等是导致猪中毒病发生的重要致病因素，不同的毒物能够引起不同类型的疾病，如能及时解除毒物，病猪就能明显好转，并逐渐康复。

(5)圈舍的环境状况 圈舍环境状况的优劣，直接影响着猪的健康水平。猪舍内的卫生、温度、湿度、通风换气等因素必须达到最适要求。舍内卫生状况差、湿度过高或过低、通风换气不良均可导致猪各种疾病的发生。

7. 猪传染病流行的基本环节是什么？其对控制猪传染病有何意义？

猪传染病的流行必须具备 3 个基本环节，即传染源、传播途径和易感猪群，3 个环节相互联系，切断任何一个环节，即可控制猪传染病的发生和流行。认识猪传染病流行的基本环节对控制传染病具有重要意义，消灭 3 个基本环节的具体方法如下。

消灭传染源：对于病猪和带毒猪，主要采取早诊断、早隔离、早治疗的措施，及时淘汰或销毁病猪，定期对圈舍消毒，做好病猪的处理和粪便堆积发酵，杜绝传染源的传入和传出。

切断传播途径：传播途径是指病原体从病猪或带毒猪排出后，再进入其他易感猪群所经过的途径。一般分为直接接触和间接接触2种传播方式，前者如狂犬病，通过啃咬、交配传播，后者是通过空气、飞沫、土壤、饲料、排泄物以及人员往来、交通工具传播。将上述中间媒介和媒介物进行无害化处理，即可切断传染病的传播途径。

消除易感动物：主要是加强免疫接种，使猪群获得后天免疫力。改善饲养管理、创造猪群生长的最适环境、减少疾病发生、保护猪群的正常生产。也可采取抗病育种的方法，使猪群获得天然抗病特性。

8. 猪患传染病时所表现的热型有哪几种？

发热是许多传染病和炎症性疾病共有的症状，各种发热性疾病在发生时都表现一定的热型，依据其特点，主要分为以下几种类型，即稽留热、弛张热、间歇热和不定型热。

(1)稽留热 高热持续数天或更长时间，昼夜温差不超过1℃，可见于猪瘟、急性传染性胸膜肺炎等。

(2)弛张热 昼夜温差较大，差值常超过1℃，可见于猪肺疫、猪丹毒和许多败血性疾病。

(3)间歇热 在持续数天发热后出现无热期，以一定间隔期反复交替出现发热现象，可见于败血型链球菌病、局部化脓性疾病。

(4)不定型热 体温变化无规律性，多见于非典型猪瘟、猪肺疫和其他非典型经过的传染病。

9. 猪传染病发生及发展的规律是什么？

猪的每一种传染病从发生、发展到终结，总是严格遵循着一个规律，即潜伏期、前驱期、症状明显期和转归期，每个时期的特点如下。

(1)潜伏期 从病原微生物侵入机体到开始出现最初的临床症状，这一时期叫潜伏期。此期最短的数小时，如猪流行性感冒；最长的可达数月至1年以上，如破伤风、狂犬病等。一般来说，急性传染病潜伏期较短，变动范围小；慢性传染病潜伏期较长，变动范围较大。由于多数传染病的潜伏期都比较恒定，所以有助于推算猪各种传染病的被感染期，这样就可根据潜伏期确定传染病的隔离、封锁时间。

(2)前驱期 从临床症状出现开始，到特征性症状出现，这一时期叫前驱期。此期病猪仅表现体温升高、精神沉郁、食欲减退、饮欲增加、不愿走动等一般性临床症状，预示着传染病开始发生。如果在此期能做出初步判断，并采取适宜的防治措施，将能大大减少经济损失。

(3)症状明显期 此期是传染病发展的高峰阶段，能明显地表现出特征性临床症状，易于对疾病做出诊断。

(4)转归期 症状明显期过后，到传染病终结的时间。此期可能有两个转归方向，一个是病原微生物致病性增强或病猪抵抗力下降，最终导致病猪死亡；另一个是病猪的抵抗力逐渐增强，各种组织损伤和功能障碍得到恢复和调整，症状逐渐消失而逐渐康复。

10. 什么是病理剖检？病理剖检时应注意些什么？

病理剖检又称尸体剖检，是对病死猪或扑杀的濒死猪进行剖检，应用病理解剖学的知识，通过肉眼或显微镜观察尸体内部组织器官形态变化及其组织细胞的病理变化，有些疾病具有特定的病理变化，对疾病的确诊具有重要意义。进行病理剖检时应注意以下问题。

剖检时间和地点：由于死后尸体容易腐败和酶解，影响对病变结果的观察，因此尸体剖检应在猪死亡后较短的时间或濒死期内进行。剖检地点要选择在光线充足、远离猪舍、村庄、河流、公路、易于环境消毒和无害化处理的地方。

剖检时的个人防护：剖检时首先要注意个人防护，剖检人员要戴口罩、眼镜、手套，穿工作服，严格避免工作人员的皮肤损伤，剖检结束后要对双手进行消毒，防止人兽共患病的感染。

剖检后的处理：对剖检尸体、污染物、渗出物、排泄物和病变组织器官，要进行无害化处理，对使用的工具和周围环境必须严格消毒，以防病原扩散与传播。

剖检记录：剖检过程中要做好记录和照片的拍摄工作，确保原始资料的真实性和可靠性，为进一步确诊提供科学依据。

11. 猪的投药方法有哪些？投药时应注意些什么？

猪的常用投药方法有 4 种，即自由采食给药法、灌服给药法、注射给药法、体表给药法。

(1)自由采食给药法 当病猪还能吃进少量饲料，而且所用药物数量少、无特殊异味及刺激性时，可将药物均匀地混于少量饲料中，让猪自由采食。当猪不再采食，但能饮水时，可将药物溶于水中，让其自由饮用，注意用药前应停止供给饮水，使猪产生饮欲，所用药物要具有水溶性。使用自由采食给药法在给药时要严格审查加入药物的浓度，以免发生药物中毒，造成猪的大批死亡。

(2)灌服给药法 分为直接灌服法和胃管灌服法。

①*直接灌服法* 小猪首先提起前肢和前躯，用木棒将嘴撬开，大猪用绳环套入口腔上腭，然后把药丸、药片置于舌根面处让其吞下，或用长嘴瓶、不带针头的注射器深入口角内，缓缓地倒入药液，待猪咽下后再灌第二次、第三次，直至药液灌完。直接灌服给药法在给药时应注意，如猪极度挣扎或大叫，应停止灌药，此时灌药易进入气管，造成异物性肺炎或窒息。

②*胃管灌服法* 保定好猪后，将胃导管向咽喉部插入，当导管到达咽喉时，猪开始出现吞咽动作，此时乘机将导管插入，并将药液倒入导管送入胃内。胃管灌服法要注意避免胃导管对食管黏膜的损伤。

(3)注射给药法 当病猪被某种细菌严重感染导致体温升高时要采用注射法，如肌内注射、皮下注射、静脉注射、腹腔注射等。注射给药法所用药物要求剂量准确、吸收快、产生药效迅速。应注意注射用具和注射部位的消毒，刺激性较强的药物不宜皮下注射，以免引起局部发炎和坏死。

(4)体表给药法 将药物溶于水或调成糊状，直接涂布于猪体表患处，主要用于治疗外伤和杀灭体表寄生虫。

12. 影响药物作用的因素有哪些?

药物的药理效应是药物与机体相互作用的综合表现,药物在使用过程中,能否发挥其应有的药理效应受多种因素的影响,凡是影响药物和机体的所有因素均可影响药物的药理效应。

(1)动物因素 指猪的品种差异、个体差异,以及年龄、性别、功能状态和病理状态的影响。

(2)药物因素 包括药物的理化性质、化学结构、稳定性、可溶性、采用的剂型、给药剂量、配伍用药、给药途径的影响。

(3)饲养管理和环境因素 气候恶劣、环境肮脏、饲养密度大、通风不良、圈舍湿度大、应激因素持续存在等,均可影响药物发挥其正常的药效作用。

13. 抗菌药物使用前为什么要做药敏试验?怎样做药敏试验?

在养猪生产中,由于抗菌药物的长期使用,导致耐药菌株不断增多,传染病发生时,如果盲目使用抗菌药物一般效果不佳。因此,以药敏试验结果作为指导,正确选择抗菌药物,已成为抗菌药物使用的准则。

药敏试验的方法有很多种,如纸片扩散法、试管法、挖洞法等。因纸片扩散法简便易行,获得结果快,是目前最常用的方法。其具体操作步骤包括药敏纸片的制备(常用的抗菌药敏纸片已有商品供应)、药敏培养基的制备、选择试验方法以及结果判断。一般以直尺测量抑菌圈直径,15～20 毫米为高度敏感,10～14 毫米为中度敏感,10 毫米以下为低度敏感,无抑菌圈为不敏感。

14. 什么是抗原、抗体？什么是抗原抗体反应？

凡能刺激机体产生抗体和致敏淋巴细胞，并能与之结合引起特异性反应的物质（如疫苗、类毒素）称之为抗原；抗体是在抗原刺激下产生，并能与抗原特异性结合的免疫球蛋白，它是构成机体体液免疫的主要物质。

如果抗原和相应抗体在体内或体外相遇，所发生的各种反应，统称为抗原抗体反应，又称免疫学反应。

15. 什么是母源抗体？母源抗体的特性是什么？

母源抗体是指初生仔猪通过母体胎盘或初乳获得的被动性抗体。母源抗体是由产仔母猪产生的抵抗某种疫病的特异性抗体。

母源抗体具有双重特性，当仔猪获得较高水平的母源抗体时，在一定时间内能够抵抗病原体的感染，避免仔猪的早期感染。在某些传染病的防治中，如猪大肠杆菌、猪传染性胃肠炎、猪瘟等，常常通过加强母猪的免疫，使其产生较高的抗体水平，确保仔猪获得足够的母源抗体，发挥抗病作用。而当仔猪母源抗体水平较高时，母源抗体对仔猪的免疫又有一定的影响，高母源抗体可以中和弱毒疫苗，从而抑制弱毒疫苗的繁殖，缩短其在体内的存活时间，严重干扰弱毒疫苗对仔猪的免疫效果。

因此，在对仔猪免疫接种时，选择仔猪母源抗体滴度低于临界值以下时最为合适，此时接种方可取得较好的免疫效果。

16. 为什么要对猪群进行免疫监测？

免疫监测是指利用现代免疫学方法定期对生产猪群不同特定病原体的特异性抗体水平的测定，根据测定的数据科学评价猪群的健康状况和存在的风险。

对猪群的免疫监测是控制疫病发生的重要措施，定期对防疫后的猪群进行免疫检测，既可观察免疫效果，又可提示猪场有无强毒感染，从而科学地制定适合本场的免疫计划。抗体水平在保护限以上个体占总数的85%以上时，说明免疫效果可靠；如抗体水平低下，群体保护率在50%以下，说明免疫失败。当猪群中个体抗体水平差异巨大，高的很高、低的很低时，提示该猪群可能有强毒感染。

17. 猪传染病的常用实验室检测方法有哪些？

猪传染病的实验室检测方法包括病原学检测、免疫学检测、分子生物学检测、病理组织学检测和动物试验。依据不同疫病病原微生物的不同特性，可选用最适宜的检测方法。常用的检测方法为免疫学检测和分子生物学检测。

免疫学检测应用较多的是酶联免疫吸附试验、微量中和试验、胶体金免疫试纸检测、间接血凝试验、琼脂扩散试验等，其中应用最广泛的为酶联免疫吸附试验，即酶联免疫吸附试剂盒检测方法，这些检测方法常用于病原体或相应抗体的测定。分子生物学检测应用最广泛的为聚合酶链式反应技术或反转录-聚合酶链式反应技术，常用于病原体DNA或RNA特异性片段的扩增与鉴定。

18. 如何进行病料的采集、保存和送检？

正确采集和保存病料对获得可靠的诊断结果具有重要意义，基层兽医工作者有必要掌握和了解病料的采集、保存和送检方法。

(1) 病料的采集 确定病料采集对象的原则是选择发病后未经治疗、自然死亡、症状和病变典型的病例，采集病变明显的新鲜病料并防止污染。病料分为固体材料和液体材料，按其用于检测方法的不同分为病原学材料、血清学材料和病理学材料。固体材料一般指脏器、皮肤、毛发、骨骼等，液体材料一般为血液、血清、渗出液、尿液、胃溶液等。固体材料一般采集 64 厘米^3 大小的组织块，液体材料一般采集 10～20 毫升。

(2) 病料的保存 做病理学检验用的病料应立即放入 10％甲醛溶液或 95％酒精中固定，固定液的用量为标本体积的 5～6 倍，若用 10％甲醛溶液固定，24 小时后更换新鲜溶液 1 次。做细菌学检验的病料应放入高压蒸汽灭菌过的 30％甘油生理盐水中，做病毒学检验的病料应放入高压蒸汽灭菌过的 50％甘油生理盐水中。液体材料应于每毫升病料中加入 1～2 滴 5％苯酚溶液，如果要做病原分离培养的则不用加入。盛放病料的容器须加塞封固。

(3) 病料的送检 在盛放病料的容器上编号，并详细记录，附上送检单。对危险材料以及怕热、怕冻材料要采取相应措施，微生物学检验的病料都怕受热，病理学检验的病料都怕受冻，在送检时应注意防热和保温。

19. 如何监控猪场可能发生的疫病？

要想监控猪场可能发生的疫病，兽医技术人员必须做好以下3项工作，即疑似非正常个体猪的检查、异常猪群的检查和正常猪群的健康评估，具体方法如下。

(1)临床观察 认真观察猪群的生活状态，包括运动状况、精神状况、休息姿势、采食和饮水状态以及体温的测定，牢固掌握健康猪群与异常猪群上述指标的差异，及时发现可疑征兆。

(2)病理变化检查 对意外死亡或正常宰杀的猪进行病理学检查，由于猪患病后组织脏器都有不同的病理变化，尤其是很多疫病都存在典型的病理变化，通过观察病理变化为可能发生的疫病提供参考线索。

(3)实验室检查 依据养猪场的实际情况，在本场或在有关单位的协助下，制定详细的检测计划，应用现代微生物学、免疫学、分子生物学、寄生虫学和病理组织学等综合检验手段，定期进行检测，检测重点应集中于病原学和免疫学检测，及时发现可能发生的传染病，为制定准确有效的防控方法提供可靠依据。

20. 什么是免疫接种？为什么要对猪进行免疫接种？

免疫接种是将合格的疫苗接种于动物体内，激发动物机体产生特异性抵抗力，使易感动物转化为不易感动物的一种方法。由于健康猪体内不存在能够激发机体产生特异性抵抗力的有效成分，尤其是高致病性病原体的有效抗原成分，要使易感猪群变为非易感猪群，产生特异性抗病能力，必须使有效的抗原成分进入猪的体内，才能诱发机体产生细胞免疫和体液免疫。因此，必须对猪群进行疫苗接种。有组织、有计划地按照一定免疫程序对猪群进行免疫接种，是预防和控制猪传染病的重要措施之一，尤其是对猪瘟、口蹄疫等重大传染病，免疫接种更具有重要意义。

21. 怎样保障免疫接种效果的可靠性？

在养猪生产中，免疫接种是不可缺少的一个重要程序，利用何种疫苗、何时接种，接种疫苗的数量、种类、先后顺序及间隔时间等问题必须解决。多种疫苗的无序接种，不仅增加饲养成本，而且无法取得良好的免疫效果。因此，只有合理地选择疫苗、建立科学的免疫程序，才能达到既经济又防病的目的。保障免疫接种效果可靠性的具体解决办法如下。

(1)疫苗种类的选择 由于预防猪病的疫苗很多，不能全部注射或盲目注射，要根据当地和周边传染病的发生、流行特点，结合本场实际情况选择注射疫苗的种类和类型，有目的地进行免疫接种，对当地未发生过、且无传入本场可能的疾病，就没有必要选用该疾病的疫苗。

对于血清型较多且交叉保护率又低的病原体（如口蹄疫病毒），在免疫接种时所选疫苗的血清型必须与所要预防疫病病原体的血清型一致，否则达不到预防目的。

(2)制定科学的免疫程序 由于每个地区、每个养猪场所发生的传染病不同，因此用来预防传染病的疫苗也不尽相同，免疫期长短又不一样，所以养猪场（户）往往需用几种疫苗来预防不同的疾病。这就需要依据所选疫苗的免疫特性，合理地制定免疫接种的间隔时间和免疫次数，即制定科学的免疫程序。

(3)免疫接种效果的检查 对免疫猪群随机抽样30～50头，采血分离血清样品自行测定或送协作单位测定免疫效果，如免疫失败，要及时查出导致失败的因素，在排除上述因素的基础上，再次接种并再次检查免疫接种效果，直至完全保护为止。只有机体对疫苗产生了免疫应答，才能对疾病起到保护作用，如果机体处于发病期、潜伏期、体弱、生理状况不佳的状态，或母源抗体较高、接种途径不正确、不同疫苗相互干扰等，均可导致免疫应答的失败。

22. 猪的免疫接种方法有哪些？接种时应注意哪些问题？

猪的免疫接种方法有注射法、口服法和气雾法。注射法是最常用、最可靠的免疫接种方法，其中包括肌内注射、皮下注射、静脉注射和腹腔注射；口服法和气雾法应用较少。根据疫苗特点和要求可以选择不同的方法进行免疫接种，在使用上述方法免疫接种时应注意以下问题。

第一，无论采用哪种注射途径，注射前后使用的注射器必须经过清洗和消毒，常用的消毒方法是蒸汽消毒和煮沸消毒，不要采用酒精涂擦或火焰烧烤注射针头的消毒方法。当注射大量药液时，必须将药液温度调至与体温相近时再注射；静脉注射时不要将药液漏出血管以外；腹腔注射时，注射部位的深度一定要准，否则容易伤及肝脏、胃、肠、膀胱等脏器。免疫注射时，注意要1头猪使用1个针头，以免通过针头扩散病原。

第二，口服法免疫接种时，要尽量排除导致弱毒苗死亡的因素，如高温、暴晒、酸碱、抗菌药物等，使用弱毒苗前后1周内禁用各种抗菌药物。菌苗拌料口服时，禁忌使用酸败和酸性饲料，禁忌使用热水、热食拌苗。

第三，有慢性呼吸道疾病存在时禁用气雾法免疫接种，否则易引起慢性呼吸道疾病的暴发。气雾免疫应控制雾化气溶胶的沉降速度，以免造成舍内湿度过大。

23. 什么是超前免疫？超前免疫的效果如何？

初生仔猪在哺食初乳之前（生后1～1.5小时）所进行的疫苗免疫称为超前免疫（尤其适用于猪瘟的免疫）。超前免疫可使仔猪避开母源抗体的干扰，并迅速使仔猪获得既整齐又较高的抗体水平，从而防止野毒感染。当猪场长期受猪瘟病毒污染时，进行超前免疫是净化猪场内猪瘟的好方法。但超前免疫目前仍有争议，一些专家认为超前免疫并不能取得理想的免疫效果，主要原因是仔猪免疫系统尚未发育完善。

24. 猪常用疫苗的类型有哪些？如何正确使用疫苗？

猪常用疫苗的类型有弱毒苗（活苗）和灭活苗（死苗）2种，依据所防疫病的不同可以选用不同的疫苗，如猪瘟防疫使用猪瘟弱毒苗，仔猪副伤寒防疫使用仔猪副伤寒弱毒苗，猪伪狂犬病防疫使用猪伪狂犬病灭活苗，猪细小病毒病防治使用猪细小病毒灭活苗。有时既可使用弱毒苗又可使用灭活苗，如猪繁殖与呼吸综合征和猪链球病免疫时既可使用弱毒苗，也可使用灭活苗。

使用疫苗前要认真阅读使用说明书，掌握疫苗的用途、用量、用法和注意事项，避免操作不当造成疫苗免疫效果的下降。

在应用冻干苗时，要用使用说明书规定的稀释液进行稀释，稀释后的疫苗要充分振荡，并放在阴暗处，接种过程中要避光避热，遵循规定的稀释倍数和接种剂量，母源抗体水平较高的仔猪可暂不接种。不需稀释的灭活苗或湿苗，则按疫苗规定剂量免疫接种。

不同疫苗的最佳接种途径一般均为说明书规定途径，免疫接种时，要按说明书要求的接种途径进行，切不可随意改变接种途径，如要求肌内注射的疫苗不能改为口服，否则会造成免疫失败。

疫苗由贮藏处取出后，尤其是开启和稀释后，必须在规定时间内使用完毕，超过规定时间未使用的疫苗不能再次使用。

25. 怎样检查疫苗的质量？

疫苗质量是关系到免疫成败的关键，所以检查疫苗质量优劣对猪的免疫很重要，常用的检查方法有以下几种。

(1)物理性状的检查 各类疫苗在应用前要认真检查包装有无破损，外观是否符合各类疫苗规定的要求。凡玻璃瓶有裂纹、瓶塞松动以及疫苗色泽等物理性状与说明书不相符者，均不得使用。

(2)冻干苗和灭活苗的检查 冻干苗不能失真空，灭活油乳剂苗不能分层，否则使用这些疫苗后会造成免疫失败。

(3)效力检查 虽然正规生物药品厂所生产的疫苗均经过严格检验，产品合格，但在保存、运输和使用过程中未按要求执行也会造成质量下降。为确保免疫效果，疫苗使用前应按照农业部颁布的生物制品规程进行效力检查。

26. 如何保管疫苗？如何选择接种猪、疫苗和用具？

要使疫苗接种到猪体内能够产生确实的免疫力，就必须将疫苗合理保存、运输和使用。一般保存液体疫苗要避免高温、冻结和阳光直射，保存温度在2℃～15℃。保存冻干苗在0℃以下低温贮藏，如猪瘟冻干苗，应在－15℃条件下保存，如在0℃～8℃条件下保存，保存时间应缩短1/4～1/2。灭活苗一般要求在2℃～8℃条件下保存。凡是低温保存的疫苗，在运输中，应采取冷藏措施，使运输过程中的温度不高于10℃。

使用疫苗前应注意选择合格的接种对象和合格的产品、用具。

接种猪的选择：疫苗接种时要选择健康猪作为接种对象，使用疫苗前要对猪群做健康检查，凡是患病、瘦弱、妊娠后期、体质不健康的猪应做好登记，不能作为接种对象。在接种过程中或接种完毕后，观察接种猪是否有应激反应，如发现有反应，要及时对症治疗。

疫苗的选择：针对要防控的疫病，有目的地选择合格的优质产品，购买时要选择有批准文号的疫苗，并在动物防疫部门或正规生物制品厂家购买。检查购进疫苗的瓶口、胶盖是否密封，对标签上的名称、批号、有效期做好登记，过期的、冻干苗失真空的、油苗分层的、保存温度不当的、瓶内有异物的，或发生物理与化学异常变化的疫苗不能使用。

用具的选择：接种疫苗使用器械的选择原则是无菌，在接种前后所用器械均需高压蒸汽灭菌。

27. 影响猪群免疫接种效果的因素有哪些?

猪群的免疫接种效果是疫苗与机体免疫系统相互作用结果的表现,影响疫苗和机体免疫系统的很多因素均可影响最终的免疫效果,其主要因素有以下几方面。

(1)遗传因素 不同品种,或同一品种、不同个体的猪只,对同一种疫苗免疫应答反应的强弱也有一定的差异。

(2)营养和环境因素 维生素、微量元素和氨基酸缺乏可影响抗体的产生,环境过冷、过热、湿度过大、通风不良等,均可导致猪对抗原的免疫应答能力下降,从而影响免疫效果。

(3)血清型与母源抗体 由于很多病原体具有不同的血清型,而血清型之间仅有轻微交叉免疫力或无交叉免疫力,所以对血清型多的病原体,最好使用多价苗。另外,高水平的母源抗体在很大程度上影响疫苗的免疫效果,所以仔猪应依据母源抗体的高低,确定免疫时间。

(4)疫苗和其他因素的影响 疫苗本身质量及其保存、运输方法可直接影响免疫效果。免疫抑制性疾病、中毒病和代谢病对免疫应答也有较大影响。疫苗搭配不当所产生的疫苗之间的干扰,同样会影响疫苗的免疫效果。

28. 猪群用过疫苗后为什么还会发病?

(1)机体免疫应答效果不一 无论何种疫苗均不可能对机体产生绝对的保护,猪体注射疫苗后,机体对疫苗所产生的免疫应答反应会受到各种不同因素的影响,所以在接受过免疫接种的群体中,获得免疫力的水平绝对不一样,猪群中大多数猪的免疫可能是成功的,能够得到保护,而个别的猪可能会出现免疫失败,得不到保护。

(2)正常免疫受到抑制 当免疫猪群受到免疫抑制性疾病(如猪圆环病毒病、猪繁殖与呼吸综合征)侵袭和各种应激因素干扰或机体营养状况不良时,往往会导致免疫失败引起机体发病。另外,高水平的母源抗体具有抑制弱毒苗的作用,所以在给仔猪免疫时,如果仔猪的母源抗体处于高滴度状态,也会导致免疫失败。

(3)疫苗失效或使用不当 如果在疫区进行紧急接种,或在未暴露疫情的地区进行免疫接种,有些动物可能在接种时已处于潜伏期,此时往往在接种后短期内发病。弱毒苗失效、贮存不当或与抗菌药物并用,用化学消毒剂或火焰消毒注射器,接种部位涂擦酒精过多等都会对疫苗产生不良影响,甚至导致免疫失败。

(4)猪群感染带毒 猪群长期带毒,或猪群中偶有猪只尤其是种猪有健康带毒或耐过带毒现象,往往造成疫苗免疫应答力较差猪的感染发病,也可造成防疫空当期和强化免疫间隔期的猪只发病。

29. 什么是紧急免疫接种?为什么要进行紧急免疫接种?

紧急免疫接种是指在发生传染病时为了迅速控制和扑灭疫病的流行,对疫区和受威胁区尚未发病的畜、禽进行的快速免疫接种。实践证明,在非疫区使用某些疫苗进行紧急接种是切实可行的。如在暴发猪瘟、口蹄疫等重大传染病时,经常进行紧急接种,取得了较好的效果。在疫区应用疫苗进行紧急免疫接种时,对发病猪和可能已受感染的潜伏期病猪,要求不再接种,因为潜伏感染的猪在接种疫苗后不能得到保护,反而促使其更快发病,所以在紧急接种后一段时间内,猪的发病数反而是有增无减，待疫苗产生抵抗力后发病数随即下降，从而使疫病流行很快停息。

30. 猪场发生传染病时需要采取哪些措施？

猪场一旦发生传染病，要立即查明并消灭传染源，切断传播途径，采取相应措施提高猪群对传染病的抵抗力，及时扑灭疫情，避免疫病在猪群中大面积流行。对于病猪或可疑病猪，应依据疫病的性质和国家颁布的动物检疫相关法律、法规要求及时处理。暂时不能确诊而通过治疗能够痊愈的就要隔离治疗。若病猪数量较多，危害又大，一时无法扑灭则应划区域进行封锁。

(1) 检疫 就是应用各种诊断方法对动物及其产品进行疫病检查，并采取相应措施，防止疫病的发生和传播。

(2) 隔离 通过临床检查和实验室检验，将发病猪和健康猪区分开来，对病猪或可疑病猪进行隔离观察或治疗，当发现属烈性传染病时要进行封锁并上报上级主管部门。

(3) 封锁 当发生烈性传染病（如炭疽、口蹄疫、猪瘟）时要把人、畜和各种动物固定在一定区域，不要与外界发生直接联系，认真做好封锁。

(4) 消灭传染源 在严格隔离、封锁、防止疫情蔓延的同时，要及时扑杀病猪并销毁，对圈舍及周围环境进行彻底消毒。

二、猪病毒病的诊治

31. 怎样诊治猪瘟?

猪瘟又叫烂肠瘟,是由猪瘟病毒引起猪的一种急性、热性、接触性、高致死性传染病,其发病特征为发病率和死亡率都很高,急性型呈败血症变化,实质器官出血、坏死和梗死,慢性型呈纤维素性肠炎,是危害养猪生产的重大传染病。

【流行特点】 本病不分品种、年龄,一年四季均可感染发病,病猪是本病的主要传染源。病猪既可通过排泄物、分泌物污染环境散播病毒,又可通过肉品、脏器、污水散布大量病毒,即使病猪康复后仍可带毒、排毒。虽然在病猪的全身组织和体液内均有病毒存在,但以淋巴结、脾脏和血液中含毒量最高。易感猪可通过采食病毒污染的饲料、饮水,经扁桃体、口腔黏膜和呼吸道黏膜被感染。目前许多文献报道,患病或弱毒感染的母猪,经胎盘垂直感染胎儿后,可产出弱胎、死胎、木乃伊胎。母猪免疫水平低下,感染强毒时,可引起亚临床感染,如果母猪在配种期或妊娠期注射疫苗,则疫苗毒可通过母猪胎盘感染仔猪,最终导致母猪繁殖障碍病的发生和其他日龄猪的零星死亡。目前,认为猪瘟病毒只有1个血清型,但毒株有强弱之分,低毒力毒株经易感猪传代后,毒力可恢复至强毒水平。

【临床症状】 猪瘟的潜伏期通常为5～7天,但最短的可为2天,最长的可达21天,甚至可以耐过。按发病经过和症状表现不同,可分为典型猪瘟、非典型猪瘟和神经型猪瘟。

①典型猪瘟　病猪体温升高、呈稽留热型，皮肤、黏膜发绀、出血，可见全身呈败血症变化。病程稍长的病猪表现弓背、寒战、厌食、喜钻垫料，初便秘后腹泻，粪便恶臭，附有黏液或血液，多在1周左右死亡。不死的病猪转为慢性，表现体温时高时低，食欲时好时差，病程20天以上，多转归死亡。

②非典型猪瘟(温和型猪瘟)　是20世纪80年代以后，国内外发生的一种病情缓和、感染后潜伏期长、发病后症状减轻、病变不典型、发病率和死亡率均不高的猪瘟类型。病猪皮肤虽然不见出血点，但腹下部有淤血和坏死，病愈猪出现干耳、干尾，病程长达3个月以上，甚至成年猪可以耐过。

③神经型猪瘟　先天感染猪瘟病毒引起的神经型猪瘟，主要表现为新生仔猪瘦弱，2～15日龄出现神经症状(如肌肉震颤、磨牙、转圈、倒地痉挛)，最后抽搐死亡。先天感染弱毒株后，毒株在体内增殖，毒力逐渐增强，表现为迟发型猪瘟。病猪一般体温正常，几个月后出现精神沉郁、厌食，病情加重时腹泻，后肢麻痹死亡，耐过者往往成为亚临床感染的带毒者，从而形成恶性循环。

【病理变化】　典型猪瘟的病变为耳、四肢、胸、腹等处皮肤上常见紫红色斑点，全身淋巴结，尤其是下颌、肠系膜淋巴结肿大，呈暗红色，周边出血，切面呈红白相间的大理石样外观。喉头黏膜、会厌软骨、膀胱黏膜有数量不等的出血点或出血斑。肾脏呈土黄色贫血状，表面和切面可见针尖大的出血点。脾脏虽然不肿大，但边缘有时出现绿豆大小的暗紫色出血性梗死灶。盲肠、结肠和回盲瓣处黏膜上发生大小不等的特征性纽扣状溃疡。非典型猪瘟病变比较轻微，淋巴结仅呈现水肿状态，轻度出血或不出血，肾脏出血点不一致，膀胱黏膜只有少数出血点，脾脏稍微肿大，有时可见1～2个坏死灶，回盲瓣可见溃疡、坏死，但很少有典型的纽扣状溃疡病变。

【诊　断】 根据流行特点、临床症状、病理变化，可以做出初步诊断，必要时进一步做实验室检查。猪瘟常用的实验室诊断方法有猪体免疫试验、兔体交叉免疫试验、琼脂扩散试验、免疫荧光抗体检查、正向间接血凝试验、酶联免疫吸附试验以及聚合酶链式反应技术等。

【类症鉴别】

①与猪丹毒的鉴别　两者均表现体温升高、喜卧地、皮肤呈紫色。不同点是：猪丹毒病猪体温比猪瘟病猪高，可达43℃，在猪群中传播较慢，一般多发生于夏季，以3～12月龄的猪易感，发病率和死亡率比猪瘟低，皮肤上有红斑、指压褪色，体温虽高，但有一定食欲，粪便一般正常，病程约为数天，但也有突然或短时间死亡的。剖检可见脾脏肿大，肾脏淤血肿大，有大红肾之称，淋巴结切面不表现大理石样花纹，大肠黏膜无显著变化，用青霉素等药物治疗有显著疗效。

②与猪肺疫的鉴别　两者均表现体温升高，精神沉郁，皮肤有出血斑点。不同点是：猪肺疫多呈散发，特别是气候和饲养管理条件剧变时多发，发病率和死亡率比猪瘟低，一般不引起大流行。病猪呼吸困难，咳嗽，咽喉部呈急性、热性硬肿，俗称肿脖瘟。剖检可见肺脏呈现出血性、纤维素性或坏死性肺炎，肉眼可见肝样变，大肠无可见病理变化，抗菌药物治疗有一定效果。

③与仔猪副伤寒的鉴别　两者均表现体温升高，精神沉郁，腹泻，皮肤有紫红色斑点。不同点是：仔猪副伤寒多发生于阴雨连绵季节和6月龄以下小猪，一般呈散发，急性的先便秘后腹泻，有时粪便带血，胸、腹部皮下呈蓝紫色。慢性的体温不高，顽固性腹泻。剖检可见脾脏肿大呈紫色，无出血性梗

死灶。大肠黏膜增厚，表面粗糙，不形成纽扣状溃疡。小肠有一层糠麸样坏死伪膜，易于剥落。脾脏肿大，常有星芒状坏死灶。使用氟苯尼考、卡那霉素、庆大霉素等抗菌药物和磺胺类药物有一定的治疗效果。

④与猪链球菌病的鉴别　两者均表现体温升高，排稀便，皮肤黏膜发绀。不同点是：急性败血型猪链球菌病有神经症状，如转圈、磨牙、前肢高踏、运动失调、后肢麻痹、嗜睡，不能站立。关节肿大，早期发硬，后期化脓，导致运动障碍。剖检可见喉头、气管充血，有多量泡沫，脾脏肿大，肾脏呈充血性出血斑点，脑膜充血出血。抗菌药物（如林可霉素、庆大霉素等）治疗有一定效果。

⑤与非洲猪瘟的鉴别　两者均表现体温升高，精神沉郁，耳、腹部有紫斑。不同点是：非洲猪瘟当体温下降时才出现临床症状，此时病猪至少已发热 4 天，处于濒死状态；而猪瘟病猪一旦出现体温升高，就表现出明显的临床症状，直至死亡。非洲猪瘟死亡后剖检可见腹腔、胸腔、心包内液体较多呈黄色，肠系膜呈胶样水肿，淋巴结严重出血，状似血瘤；而猪瘟淋巴结充血、出血、水肿，外观似大理石样花纹。非洲猪瘟在我国尚未发现，也无疫苗接种，对所有猪均易感，多呈暴发流行；而猪瘟在我国普遍使用了猪瘟兔化弱毒疫苗，所以大部分猪对猪瘟有一定抵抗力，即使发病也呈亚急性或慢性流行。

⑥与猪附红细胞体病的鉴别　两者均表现体温升高，精神沉郁，耳、腹下、腹股沟出现紫斑。不同点是：猪附红细胞体病病猪全身皮肤发红，可视黏膜苍白有黄疸，剖检肌肉颜色变淡，脂肪黄染，血液稀薄，凝固不良，使用血虫净（贝尼尔）、磺胺类药物治疗有一定效果。

⑦与猪弓形虫病的鉴别　两者均表现体温升高，精神不

振，皮肤有紫红斑。不同点是：猪弓形虫病多发于炎热季节，临床表现为咳嗽，呼吸困难，尿液多呈黄色或橘黄色，耳根、下腹、股内侧呈紫红色，与四周皮肤界限明显，不像猪瘟那样呈弥散性出血。后肢无力，起立困难，运动失调，呈现高热。剖检可见肺部肿胀、表面有出血点，脾脏肿大，肝脏、肾脏有灰白色或灰黄色坏死小点，大肠黏膜有浅平溃疡，磺胺类药物治疗有一定效果。

⑧与黄曲霉毒素中毒的鉴别　两者均表现有神经症状。不同点是：黄曲霉毒素中毒病猪体温正常，急性病例以充血、出血为特征，有黄疸，病猪兴奋或沉郁，以头抵墙，腹下部和皮下肌肉出血。

【预防措施】　只要加强饲养管理，做到自繁自养，认真对环境和圈舍消毒，适时进行猪瘟疫苗的免疫接种，猪瘟是可以控制的。

注射猪瘟疫苗是预防猪瘟发生的重要环节。一般公猪、育成猪每年春、秋两季各注射猪瘟弱毒苗 1 次，对受威胁猪群，无论何时都要紧急预防接种。初产母猪和繁殖母猪配种前 7～15 天免疫 1 次。仔猪的免疫依据母源抗体的消长规律，可采用以下两种免疫程序：一是常规免疫，即在母猪免疫的基础上，免疫母猪所生仔猪一般于 20～25 日龄用 3 头份猪瘟弱毒细胞苗进行首次免疫，60～65 日龄用 5 头份猪瘟弱毒细胞苗进行二次免疫。二是超前免疫，即在发生过猪瘟的猪场或无法解决母源抗体干扰的情况下，采用新生仔猪的乳前免疫，在仔猪哺食初乳前用 2～3 倍量猪瘟弱毒苗给仔猪注射，1～1.5 小时后再让其自由哺乳，然后于 6～7 周龄时再给仔猪加强免疫 1 次。

坚持自繁自养，必须引进种猪时，最好就地注射猪瘟兔化弱毒苗，待产生免疫力后，方可引入。进场需隔离观察15天，确认为健康者才能混群饲养，对患有带毒综合征的母猪，应坚决予以淘汰。

加强饲养管理和卫生消毒工作，猪舍内外要定期大消毒，粪便要在指定地点做生物热处理，发现病猪和可疑病猪，立即隔离或扑杀，圈舍、用具彻底消毒。

【治疗方法】 目前对猪瘟尚无有效疗法，对于贵重的种猪或非典型猪瘟病猪，在发病早期可肌内注射大剂量猪瘟兔化弱毒苗，刺激机体产生干扰素，抑制病毒在细胞内复制。也可注射猪瘟高免血清，以抵抗机体内的病毒。

32. 怎样诊治猪口蹄疫？

口蹄疫是由口蹄疫病毒引起偶蹄动物的一种急性、热性、高度接触性传染病。口蹄疫病毒现有7个血清主型，每个主型又有若干个亚型。虽然不同血清型病毒感染动物所表现的临床症状基本一致，但是各血清型之间无交互免疫力。发病的主要特征为口腔黏膜、蹄部、乳房皮肤出现水疱，继而发生溃疡。由于口蹄疫病毒寄主广泛，传染性强，暴发后传播迅速，如不采取有效措施，能造成巨大经济损失；加之病毒的血清型较多，使防治工作更加复杂。因此，口蹄疫已成为世界各国最重视的疫病之一。

【流行特点】 口蹄疫病毒的7个血清主型为A型、O型、C型、南非Ⅰ型、南非Ⅱ型、南非Ⅲ型和亚洲Ⅰ型，共包含65个亚型，每个血清型又有毒力不同的毒株。本病毒能侵害多种动物，其中猪、牛、羊易感，近年来最易感动物由黄牛转变为猪。猪口蹄疫病毒在体内潜伏期很短，传播快，流行广，易感性强，发病率高达100%。一般口蹄疫不会直接引起易感成年猪死亡，但对新生仔猪危害极大，1 月龄内的仔猪死亡率为 60%～80%。本病一年四季均可发生，但由于气温、光照对病毒的影响较大，所以流行特点常表现为秋季开始、冬季加剧、春季减轻、夏季平息。病猪和带毒猪是主要传染源，通过发病猪的水疱液、排泄物、分泌物、呼出的气体等途径，向外散发感染力极强的病毒。据资料报道，每毫升水疱液大约可使 100 万头牛或 10 万头猪发病。当污染的饲料、饮水、空气被饲喂、饮用、吸入，或污染用具被使用后，即可引起易感猪发病。

【临床症状】 潜伏期为 1～4 天，人工感染时潜伏期更短。病猪表现精神不振、体温升高、厌食、流涎，特征性症状是鼻盘、唇边、蹄冠、蹄叉、母猪乳头有明显水疱，水疱破溃后露出暗红色、边缘整齐的糜烂面，严重时蹄壳脱落，蹄痛跛行。体重大的猪，尤其是肥育猪、母猪蹄痛时不能站立，跪在地面爬行。妊娠猪流产。如无细菌继发感染，则经 1～2 周病变损伤处结痂愈合。若蹄部严重病损，则需 3 周以上才能愈合。哺乳仔猪患病时水疱症状不明显，主要表现胃肠炎和心肌炎，卧地不能吃奶，常常于哺乳时急性死亡。

【病理变化】 口腔、蹄部、鼻端、乳房等处出现水疱，水疱破裂形成烂斑，不久烂斑表面覆盖一层黄褐色或褐色结痂。咽喉、气管、支气管黏膜也有烂斑或溃疡，小肠、大肠黏膜可见出血性炎症，仔猪心包膜可见弥漫性出血点，当病毒侵入仔猪心肌组织内，致使心肌变性或坏死，心肌切面出现灰白色、淡黄色斑点或条纹，似老虎身上的斑纹，俗称虎斑心。心肌松软似煮熟状，由于心肌纤维变性、坏死、溶解后释放出有毒物质，致使仔猪发病死亡。

【诊　断】 根据特征性的临床症状，结合流行规律和病理变化，一般不难做出诊断，如需要确诊或定型，则必须做实验室检查。其检查方法有正向间接血凝试验、反向间接血凝试验、酶联免疫吸附试验、核酸探针技术、荧光抗体试验、放射免疫试验以及琼脂扩散试验等。

【类症鉴别】

①与猪传染性水疱病的鉴别　两者均表现体温升高、口腔、蹄部出现水疱。不同点是：猪传染性水疱病以蹄部皮肤发生水疱较多见，口腔、鼻端、乳房和乳头周围皮肤有时也出现水疱，而舌面水疱则属罕见，不感染牛、羊等偶蹄目动物。传染性水疱病病料接种 2 日龄乳鼠发病死亡，接种豚鼠、7～9 日龄乳鼠和乳兔均无反应，口蹄疫病料接种 2 日龄乳鼠、豚鼠、7～9 日龄乳鼠和乳兔均发病或死亡。口蹄疫血清对传染性水疱病不起保护作用。猪传染性水疱病发病率高，死亡率低，死亡者多为仔猪；口蹄疫发病率高，仔猪死亡率约 60%，成年猪 3%～5%。

②与猪水疱性口炎的鉴别　两者均表现体温升高，口腔、蹄部出现水疱。不同点是：猪水疱性口炎的流行范围小，发病率低，病猪蹄部很少出现或没有水疱，死亡较少见。除牛、猪、羊外，单蹄兽如马、骡也可感染。病料接种 2 日龄乳鼠发病死亡，接种豚鼠、7～9 日龄乳鼠和乳兔也会发病或死亡。

③与猪水疱疹的鉴别　两者均表现体温升高，口腔有水疱。不同点是：猪水疱疹多呈地方性流行，水疱疹病料接种乳鼠、豚鼠或乳兔均不发病，口蹄疫和传染性水疱病血清均不能起到保护作用。猪水疱疹仅感染猪，对牛、羊无易感性。

【预防措施】　免疫接种是防治口蹄疫的一项有效措施，接种口蹄疫灭活苗 2 周则产生免疫力，一般种猪每隔 3 个月免疫接种 1 次，仔猪 40～50 日龄首免，100～105 日龄时加强免疫 1 次。

加强饲养管理,保持猪舍清洁卫生,定期大消毒,注意通风、干燥。严格封锁病猪和疫区,发病初期或发病数量较少时坚决扑杀,防止疫情蔓延。

【治疗方法】 目前对本病尚无特效疗法,对贵重的种猪,要精心饲养,加强护理,给予柔软的饲料,必要时可用高免血清、病愈猪血清治疗。同时,采用对症治疗,病猪的口、蹄部先用 1%食盐水、2%硼酸溶液、0.1%高锰酸钾溶液清洗干净,破溃面涂以 5%碘甘油或青霉素、磺胺软膏辅助治疗,严防感染。

33. 怎样诊治猪传染性水疱病?

猪传染性水疱病是由水疱病毒引起猪的一种急性传染病。其发病特征是在鼻盘、口腔、蹄部、乳房及皮肤出现水疱,本病的临床症状与口蹄疫虽然极其相似,但不感染牛、羊等偶蹄动物。

【流行特点】 本病一年四季均可发生,自然流行时只感染猪,常常发生于猪高度集中、地面潮湿、调运频繁的地方。本病传播快,发病率高而死亡率低,分散饲养的情况下很少发病,发病猪和康复带毒猪是主要传染源,病猪的粪便、尿液及被病毒污染的饲料、饮水、运输工具为传播媒介,可通过消化道、呼吸道、破损的皮肤使易感猪发病。

【临床症状】 自然感染潜伏期 2～5 天,人工感染 1.5 天。病初少数猪体温升高至 40℃以上,发病的典型特征是蹄冠、指(趾)间、蹄叉和蹄底部出现 1 个或几个绿豆大至蚕豆大的水疱,随后水疱融合,其内充满透明液体,1～2 天水疱破裂,形成溃疡面,病猪由于疼痛而表现跛行,严重时蹄壳脱落,卧地不起，食欲减少或废绝。少数病猪的鼻盘、口腔、乳头周围也会出现水疱，这些水疱比蹄部出现迟，病程一般 10 天左右，可以恢复。轻型的传播慢，全身症状轻微，只有少数猪在蹄部发生 1～2 个水疱，很快自然康复。隐性型虽不表现任何临床症状，血清中中和抗体滴度也很高，能产生坚强免疫力，但可排毒，对易感猪危险性大。

【病理变化】 病变主要发生在蹄部、口腔，鼻盘亦有病变，通常比蹄部晚。内脏器官无明显病变，有时仅见淋巴结出血，或偶见心内膜有条纹状出血。

【诊　断】 根据流行特点、结合临床症状可做出初步诊断，确诊需靠实验室检验。实验室检验方法有乳鼠接种试验、反向间接血凝试验、补体结合试验、免疫荧光试验等。

【类症鉴别】

①与猪口蹄疫的鉴别　两者均表现体温升高，口、蹄部发生水疱，跛行。不同点是：猪口蹄疫以冬季、春季、秋季多发，牛、羊也可感染，取病猪水疱液或水疱皮浸出液接种牛、羊、猪、豚鼠均可导致发病，接种1～2 日龄乳鼠和 7～9 日龄乳鼠均可使其死亡。猪传染性水疱病病料接种牛、羊、豚鼠、乳兔、7～9 日龄乳鼠均不发病，仅使 1～2 日龄乳鼠发病死亡。在 pH 为 3～5 条件下处理病料后接种 1～2 日龄乳鼠，接种口蹄疫病料的乳鼠健活，而接种传染性水疱病病料的乳鼠死亡。

②与猪水疱性口炎的鉴别　两者均表现体温升高，口、蹄部发生水疱，跛行。不同点是：猪水疱性口炎蹄部水疱较少，多发生于夏、秋季节，病料接种牛、羊、猪、豚鼠均可导致发病，接种 1～2 日龄乳鼠和 7～9 日龄乳鼠均可使其死亡。

③与猪水疱疹的鉴别　两者均表现体温升高，口腔、蹄部发生水疱。不同点是：猪水疱疹出现的水疱比较大，取病猪水

疱液或水疱皮处理后的上清液接种牛、羊、猪、豚鼠、乳兔和1～2日龄小鼠，若仅猪发病而其他动物不发病，则说明是猪水疱疹。

【预防措施】 国内研制的猪传染性水疱病BEI灭活苗，有良好的免疫效果，保护率可达96%，免疫期5个月以上。

加强饲养管理，精心护理病猪，减少应激，增强猪群机体的抵抗力。认真进行检疫，发病后实施隔离、封锁，做好消毒和病猪排泄物的处理，防止病原扩散。

【治疗方法】 除采取保守与对症治疗外，目前尚无特效疗法，对发病猪和受威胁的猪，可以注射水疱病高免血清，控制病情扩散，减少疾病发生。

34. 怎样诊治猪水疱性口炎？

水疱性口炎是由水疱性口炎病毒引起的多种动物的一种与口蹄疫、传染性水疱病极其相似的急性、热性传染病，人和野生动物也可感染发病。其发病特征是病猪口腔黏膜、舌、唇、鼻盘、蹄部和乳头发生水疱。

【流行特点】 病猪和患病的野生动物是主要传染源。水疱性口炎在自然条件下马、牛、猪较易感，犬、羊、兔不易患病，实验动物豚鼠、仓鼠、小鼠和鸡都易感染，人与病猪接触也易感染发病。发病具有明显的季节性，以蚊、蠓活跃的夏、秋季节多发，一般通过病猪唾液、水疱液散播病毒，经损伤的皮肤和黏膜传播，也可由污染的饲料、饮水经消化道感染，或经昆虫叮咬感染。

【临床症状】 本病的潜伏期一般为3～4天，病初病猪体温升高至40℃～41℃，精神沉郁，食欲减退，流涎。病猪鼻部水疱较多见，蹄部水疱发生于蹄叉，少见于蹄冠，内含黄色透明液体，水疱破溃后形成糜烂和溃疡，此时若继发细菌感染，病猪站立不稳，出现跛行，可导致蹄壳脱落。无继发感染 7～10 天可以康复。

【病理变化】 口腔黏膜和蹄部水疱具有一定的特征性病变，病变部有局部坏死，病变周围细胞变性、水肿，也有的皮下组织充血，真皮层含有大量多形核白细胞浸润。

【诊　断】 根据本病的发生季节和对各种动物的易感性，发病率和死亡率低的特征，结合临床症状可做出初步诊断，确诊须靠实验室进行病毒分离、血清学检验和动物试验。

【类症鉴别】

①与猪口蹄疫的鉴别　两者均表现体温升高，口、蹄部有水疱，跛行等症状。不同点是：口蹄疫多发生于冬、春寒冷季节，传染速度快，取病料接种 2 日龄和 7～9 日龄乳鼠、乳兔均发病，接种马不发病，注射口蹄疫血清能得到保护。水疱性口炎病料接种马则发病。

②与猪传染性水疱病的鉴别　两者均表现体温升高，口、蹄部发生水疱。不同点是：猪传染性水疱病一年四季均在猪只密集地区发病，虽然口、鼻部易发生水疱，但舌面很少发生水疱，取病料接种豚鼠、乳兔和 7～9 日龄乳鼠均不发病，水疱性口炎病料接种 2～9 日龄乳鼠则发病死亡，病料接种豚鼠、乳兔均可感染发病。

③与猪水疱疹的鉴别　两者均表现体温升高，口腔、蹄部发生水疱。不同点是：猪水疱疹出现的水疱比较大，如取病猪水疱液或水疱皮处理后的上清液接种牛、羊、猪、豚鼠、乳兔和 2～9 日龄小鼠，若仅猪发病而其他动物不发病，则说明是猪水疱疹。

【预防措施】 本病目前尚无可靠疫苗用于预防，在疫区可采用病猪组织和血液制备的结晶紫甘油或鸡胚结晶紫甘油疫苗进行免疫接种。康复猪能够产生坚强的免疫力，并能抵抗同型病毒的感染。

加强饲养管理，发现病猪及时确诊，尽快隔离，污染场地彻底消毒。

【治疗方法】 目前尚无特效疗法，必要时进行对症治疗。患处用清水、食醋或0.1%高锰酸钾溶液冲洗，并涂以甘油或用冰硼散撒布，同时应用抗菌药物以防继发感染。

35. 怎样诊治猪水疱疹？

猪水疱疹是由水疱疹病毒引起猪的一种急性、热性传染病。其发病特征为口腔黏膜和蹄部皮肤发生水疱，破溃后形成溃疡，很快痊愈，死亡率低。

【流行特点】 猪水疱疹发病无明显季节性，病猪和带毒猪是主要传染源，饲喂被污染的饲料和泔水可造成疾病传播，发病率与饲养管理条件关系密切，饲养管理条件好的猪群发病率为10%，饲养管理条件不好的猪群发病率可达100%，自然感染时仅发生于猪。

【临床症状】 潜伏期1～7天，病初体温升高至40.5℃～41.5℃。病猪精神沉郁，食欲减少，随后鼻盘、唇、鼻腔、指(趾)间、蹄部、母猪乳头出现灰白色水疱和鲜红色的溃疡面，严重者蹄壳脱落、疼痛，不能行走，如无继发感染，多在1周内康复。也可见到妊娠猪流产，少数哺乳仔猪死亡。预后良好，死亡率低，一般不超过5%。

【病理变化】 主要病变为原发性或继发性水疱，特别是口腔黏膜、蹄部的水疱更具特征性。病变部位局部坏死，病变周围细胞变性、水肿，皮下组织充血，真皮组织有大量多型核白细胞浸润。

【诊　断】 根据病猪发热、形成水疱、跛行和厌食等症状和病理变化可做出初步诊断,确诊需靠实验室进行病毒分离、血清学检验和动物试验。

【类症鉴别】

①与猪口蹄疫的鉴别　两者均表现体温升高,口部、鼻部、蹄部出现水疱,跛行等症状。不同点是:猪口蹄疫多发生于秋季、冬季、春季寒冷季节,剖检可见虎斑心,口蹄疫病料接种豚鼠、乳兔以及 2 日龄和 7～9 日龄乳鼠均发病,水疱疹病料接种时均不发病。

②与猪传染性水疱病的鉴别　两者均表现体温升高,口部、鼻部、蹄部出现水疱,跛行等症状。不同点是:猪传染性水疱病多发生于猪只密集的地方,农村分散饲养时很少发病流行,传染性水疱病病料接种豚鼠、乳兔以及 2 日龄和 7～9 日龄乳鼠时,仅 2 日龄乳鼠发病死亡,其他动物均不发病,而水疱疹病料接种时都不发病。

③与猪水疱性口炎的鉴别　两者均表现体温升高,口腔出现水疱等症状。不同点是:猪水疱性口炎的口腔水疱比较严重,蹄部水疱较少,病料接种 2 日龄和 7～9 日龄乳鼠以及乳兔、豚鼠均感染发病。

【预防措施】 本病目前尚无可使用的疫苗,但康复猪对同型病毒有坚强免疫力,可抵抗同型病毒的再次感染,可从发病地区分离病毒制备灭活苗用于预防接种。

加强饲养管理,发病后立即隔离、封锁,严加消毒。残羹、泔水饲喂前必须煮熟。

【治疗方法】 病猪口腔可用清水、食醋或 0.1%高锰酸钾溶液冲洗,涂以碘甘油或撒布冰硼散。蹄部用 5%来苏儿溶液洗涤，涂搽鱼石脂软膏。乳房用肥皂水清洗，涂搽氧化锌、鱼肝油软膏，必要时注射抗菌药物以防继发感染。有条件的猪场可用病猪血液分离血清用于治疗。

36. 怎样诊治猪流行性感冒(猪流感)?

猪流行性感冒(猪流感)是由流感病毒引起猪的一种急性、高度接触性呼吸道传染病，如果与猪副嗜血杆菌或巴氏杆菌混合感染可使病情加重。流感病毒可以在猪和人之间相互传播，猪型流感在历史上曾多次引起人类流感的暴发。

【流行特点】 猪流感病毒常能分离到的病毒亚型为H1N1亚型和H3N2亚型，这两种猪源病毒亚型均可感染人，属于A型流感病毒。各种品种、年龄、性别的猪对流感病毒都有易感性，其发病特征为发病急、传播快、发病率高、死亡率低。流行具有明显的季节性，一般多发生于气候易变的秋末、早春和寒冷的冬季，炎热的夏季很少发生，呈地方性流行。通过病猪、带毒猪的呼吸道分泌物传播给易感猪群或人。

【临床症状】 本病潜伏期短，为几小时至几天，发病突然，往往在第一头病猪出现后的24小时内，同一猪场中大部分猪已被感染。病初病猪体温升高至40℃～42℃，精神极度委靡，食欲减退或废绝。呼吸急促，咳嗽，打喷嚏，鼻腔流出浆液性或脓性鼻液。眼结膜潮红、流眼泪，卧地不起，难以移动，驱赶时病猪表现疼痛。病程5～7天，若无并发症3～4天可自行康复。妊娠猪后期可能流产，但极少发生死亡，个别转为慢性的出现持续性咳嗽、消化不良、消瘦，若并发肺炎则可引起死亡。

【病理变化】 病猪呼吸道病变最为明显，鼻、咽、喉、气管、支气管黏膜充血、出血，表面有大量泡沫样黏液，有时混有血丝，胸腔、心包蓄积大量混有纤维素的浆液，肺脏可见气肿，有时水肿，呈现紫红色，病区肺膨胀不全、塌陷，其周围肺组织呈气肿和苍白色，界限分明。胃黏膜尤其是胃大弯部充血，脾脏轻度肿大。颈淋巴结和纵隔淋巴结肿大、充血、水肿。最近H1N1 亚型变异毒株产生的肉眼病变更加明显，支气管上皮严重坏死，肺泡有渗出物及嗜中性粒细胞浸润。

【诊　断】 根据流行特点、临床症状和病理变化综合分析后，可做出初步判断，进一步确诊需靠实验室检查。实验室检查常采取病猪细支气管渗出物或仔猪咽喉部黏液，进行病毒分离或血清学检查。

【类症鉴别】

①与猪霉形体肺炎的鉴别　两者均表现体温升高、气喘、咳嗽、流鼻液等症状。不同点是：猪霉形体肺炎的症状为反复干咳、气喘，一般不打喷嚏，不出现疼痛，病程缓慢且比较长。剖检肺部可见特征性的融合性支气管肺炎，尖叶、心叶、中间叶和膈叶前缘呈现“肉样”或“虾肉样”实变。

②与猪肺疫的鉴别　两者均表现体温升高，呼吸急促、咳嗽、鼻流黏液。不同点是：猪肺疫发病急，病猪咽喉部肿胀，呼吸困难、流涎，呈犬坐姿势。剖检皮下有大量胶冻样淡黄色或灰青色纤维素性浆液，肺部可见纤维素性炎症，切面呈大理石样外观，有时胸膜与肺脏粘连。

③与猪大叶性肺炎的鉴别　两者均表现体温升高、腹式呼吸、流鼻液等症状。不同点是：猪大叶性肺炎无传染性，病猪流铁锈色或红色鼻液，剖检肺部呈现暗红色或紫红色。

【预防措施】 目前国内尚无猪流行性感冒疫苗生产和应用。如果发病猪群在一个季节内没有重复流行的话，说明康复猪获得了一定的免疫力。

加强饲养管理，消除发病原因，特别是在阴雨潮湿、气候多变时，应保持圈舍清洁卫生、通风干燥、温暖安静，注意消毒，勤换垫料，给足清洁饮水，尽量减少或消除与发病有关的各种应激因素。

【治疗方法】 目前尚无特效疗法，发病时可采取对症治疗，如在饮水中加入止咳化痰剂、清热解毒药或使用抗菌药物，以减轻症状，对控制并发症和继发感染有一定效果。

37. 怎样诊治猪传染性胃肠炎？

猪传染性胃肠炎是由冠状病毒引起猪的一种急性、高度接触性肠道传染病。其发病特征为呕吐、腹泻、脱水，2 周龄以内仔猪死亡率高，成年猪几乎没有死亡。

【流行特点】 本病的发生具有明显的季节性，以深秋、冬季、早春（每年 11 月份至翌年 3 月份）气候寒冷时多发，病猪和带毒猪是主要传染源，康复猪可长期带毒，随粪便、鼻液将病毒排至外界环境中，污染饲料、饮水、空气，再通过消化道和呼吸道使易感猪发病。虽然不同品种、年龄、性别的猪都有易感性，但以 10 日龄以内的仔猪发病率和死亡率最高。随着日龄的增大，死亡率逐渐降低，育成猪、肥育猪、母猪虽然也可感染发病，但所表现的症状极其轻微。其他动物及实验动物均无易感性。

【临床症状】 本病潜伏期很短，一般为 12～24 小时。仔猪突然发病，先是呕吐，继而发生频繁的水样腹泻，粪便呈黄色、绿色或灰白色，其中含有未消化的凝乳块并带有恶臭味。病初体温升高，腹泻后下降。口渴，明显脱水，体重减轻，很快消瘦，康复猪生长发育不良成为僵猪。育成猪、肥育猪、母猪症状轻微，只表现减食、腹泻，有时呕吐，大约 1 周左右康复，很少引起死亡。

【病理变化】 尸体明显脱水，肛门周围有黄绿色粪便污染，可视黏膜发绀。胃和肠道具有特征性的病理变化，如胃内充满凝乳块，胃底黏膜充血，有黏液覆盖，并有小点状或斑点状出血。肠内充满黄绿色或黄白色液体，肠壁菲薄缺乏弹性，肠管扩张呈半透明状。脾脏、淋巴结肿大，肾脏包膜下出血，膀胱黏膜有出血点，心肌变软，冠状沟有点状出血。

【诊　断】 根据发病季节以及传播快、发病率高等流行特点，结合典型的临床症状和病理变化，一般可以做出诊断，但确诊需靠实验室检验。目前国内常用的实验室检验方法有乳鼠接种试验、血清抗体中和试验、免疫荧光抗体试验等。

【类症鉴别】

①与猪流行性腹泻的鉴别　两者在临床症状上均表现呕吐、腹泻症状。不同点是：猪流行性腹泻常发生于寒冷的冬春季节，在猪群中传播速度慢，病初体温升高，当出现腹泻症状后，体温恢复正常。哺乳仔猪，尤其是 7 日龄左右的仔猪，感染后往往因脱水、排黄色或浅绿色粪便，病死率很高；青年猪虽然发病率很高，但几天后多能自愈，病死率很低；成年猪多呈亚临床感染，症状很轻。病死猪剖检，胃内空虚充满黄染胆汁的液体。而患传染性胃肠炎的仔猪腹泻时排出的粪便呈现灰白色或绿色，常夹有未消化的凝乳块和泡沫，病死猪剖检可见胃内充满凝乳块，小肠充血，含有黄绿色或灰白色液状物，肠壁薄，呈半透明状。

②与猪轮状病毒病的鉴别　两者均表现呕吐、腹泻。不同点是：轮状病毒病主要发生于 8 周龄以内的仔猪，其症状没有胃肠炎严重，发病率高而病死率低。

③与仔猪黄痢的鉴别　两者均有腹泻、脱水症状。不同

点是:仔猪黄痢仅发生于7日龄以内的仔猪,病猪排黄色粪便,很少出现呕吐,从粪便中可分离到大肠杆菌,用抗生素和磺胺类药物治疗有效。而猪传染性胃肠炎可发生于任何日龄的猪,发病后常发生呕吐、腹泻,排出的几乎全是水样便,剖检肠壁变薄,小肠绒毛缩短。仔猪黄痢在产仔季节多发,除7日龄以内仔猪外其他年龄的猪均不发病,而猪传染性胃肠炎常见于寒冷季节,各种年龄的猪均可发病。

④与仔猪白痢的鉴别　两者均表现腹泻、脱水症状。不同点是:白痢仅发生于7～30日龄的仔猪,7日龄以内和30日龄以后很少发病,病猪排出白色、灰白色乃至黄色具有腥臭味的粪便;而猪传染性胃肠炎可发生于任何日龄的猪,发病后常发生呕吐、腹泻,排出的几乎全是水样便。仔猪白痢发病率中等,季节性不明显;猪传染性胃肠炎发病率高,季节性明显。

⑤与仔猪红痢的鉴别　两者均表现腹泻、脱水、消瘦等症状。不同点是:仔猪红痢一般发生于7日龄以内的仔猪,病仔猪不见呕吐,粪便多呈红褐色,剖检可见小肠出血、坏死,内容物呈红色,往往来不及治疗就引起死亡,发病率不定,病死率高;猪传染性胃肠炎发病猪无日龄界限,发病率高,仔猪死亡率高,成年猪很少死亡。

⑥与仔猪副伤寒的鉴别　两者均表现腹泻、脱水症状。不同点是:仔猪副伤寒多发生于断奶后1～4月龄的仔猪,败血型病猪表现体温升高、呼吸困难,耳根、后躯、腹下部皮肤有紫红色斑点。肠炎型病猪初便秘后腹泻,粪便中混有血液和伪膜。剖检可见大肠有弥散性纤维素性坏死性肠炎,盲肠、结肠黏膜呈局灶性或弥漫性增厚,被覆有灰黄色干酪样伪膜(俗称糠麸样病变),肝脏、脾脏有小坏死灶。仔猪副伤寒发病猪有日龄界限,无明显季节性,抗菌药物治疗有效;猪传染性胃

肠炎发病猪无日龄界限，季节性明显，抗菌药物治疗无效。

⑦与猪痢疾的鉴别　猪痢疾以2～4月龄的猪多发，病初体温略高，以后恢复正常。粪便中混有多量黏液和血液，常呈胶冻状，病变主要在大肠，为出血性肠炎，有纤维素性渗出和黏膜表层坏死。早期使用抗菌药物治疗有效，季节性不明显，传播缓慢，流行期长，发病率高，病死率低。猪传染性胃肠炎传播迅速，发病率和死亡率均高，季节性明显，病变集中在小肠，抗菌药物治疗无效。

【预防措施】　国外常口服弱毒苗进行免疫预防，在母猪分娩前5周和3周各服1次。国内对妊娠猪采用传染性胃肠炎弱毒苗肌内注射，使哺乳仔猪通过母乳获得被动免疫。无疫苗时可将病猪内脏磨成糊状或用病猪粪便、肠内容物20～30克混于饲料中，给分娩前15天的母猪内服，耐过的母猪将特异性抗体通过初乳传给初生仔猪后，也可获得一定的免疫效果。

加强饲养管理，坚持自繁自养，房舍（尤其是产房和保育舍）温度要适宜，搞好卫生消毒工作。

【治疗方法】　目前尚无特效疗法，发病时肌内注射传染性胃肠炎高免血清或康复猪的抗血清。同时，采取补液、收敛、止泻、防止酸中毒等对症疗法，使用抗菌药物以防止继发感染等措施。

38. 怎样诊治猪流行性腹泻？

猪流行性腹泻是冠状病毒引起仔猪、肥育猪的一种急性、高度接触性肠道传染病，发病特征为呕吐、腹泻、脱水，日龄越小症状越重，致死率越高。

【流行特点】　本病的发生常有一定季节性，一般在冬春寒冷季节呈广泛流行。病猪、病愈猪是主要传染源。通过消化道传播，使易感猪感染发病。各种年龄的猪均可感染发病，仔猪、育成猪、肥育猪发病率高达100％。

【临床症状】 病猪精神沉郁，食欲减退或废绝，体温正常，呕吐，水样腹泻，脱水，消瘦，尤其吃不含母源抗体初乳的哺乳仔猪，发病时呕吐、水泻更加严重，粪便呈灰黄色、灰色、浅绿色，哺乳后期仔猪、青年猪发病率虽然很高，但经2～3天能够自愈或仅表现委顿、厌食、腹泻，病死率低，而成年猪仅见厌食、呕吐，症状极其轻微。

【剖检变化】 病变主要局限在小肠，小肠肠管胀满，充满黄色液体，肠壁变薄，肠系膜充血，淋巴结水肿，胃内空虚，可见充满黄染的胆汁，镜检小肠绒毛萎缩，其绒毛与肠腺的比率从正常的7∶1下降至3∶1。

【诊　断】 根据无母源抗体仔猪和保育仔猪发病率高，且呈现呕吐、水样腹泻症状，成年猪仅出现亚临床感染和发病症状轻的特点可做出初步诊断，确诊需靠实验室检验，其检验方法有免疫荧光试验、乳猪接种试验、酶联免疫吸附试验等。

【类症鉴别】

①与猪传染性胃肠炎的鉴别　两者均有呕吐、腹泻、脱水等症状。不同点是：猪传染性胃肠炎病仔猪的粪便呈淡黄色、绿色或灰白色，夹有未消化的凝乳块和泡沫，具有腥臭味，剖检可见胃内充满凝乳块，小肠充血，含有灰白色液状物，死亡率很高。而猪流行性腹泻病仔猪的粪便呈黄色、浅绿色，肠腔内充满黄色液体，胃内空虚，有的充满黄染的胆汁样液体。

②与猪轮状病毒病的鉴别　两者均有呕吐、腹泻症状。不同点是：猪轮状病毒病主要发生于8周龄以内的小猪，虽有呕吐，但没有猪流行性腹泻严重，病死率相对较低，不见胃底

出血。

③与仔猪黄痢的鉴别　两者均有腹泻、脱水症状。不同点是：仔猪黄痢仅发生于7日龄以内的仔猪，病猪排黄色粪便，很少出现呕吐，可从粪便中分离到大肠杆菌，用抗生素和磺胺类药物治疗有效。而猪流行性腹泻可发生于任何日龄的猪，常发生呕吐，排出的几乎全是水样便，剖检肠壁变薄，小肠绒毛缩短。

④与仔猪白痢的鉴别　两者均有腹泻、脱水症状。不同点是：白痢多发生于10～30日龄的仔猪，病猪排白色粪便，很少出现呕吐，用抗生素和磺胺类药物治疗有效。而猪流行性腹泻可发生于任何日龄的猪，只是日龄越小发病越严重，常发生呕吐，排出的几乎全是水样便，抗生素和磺胺类药物治疗无效。

【预防措施】　国内生产的猪流行性腹泻氢氧化铝灭活苗，在母猪产前30天经后海穴（尾根与肛门的凹陷处）接种，或用弱毒苗于母猪产前5周和2周各用1次，可使新生仔猪获得被动免疫。

加强饲养管理，猪舍保持温暖、干燥，提供清洁饮水，一旦发病立即隔离，加强消毒工作。

【治疗方法】　通常采用对症治疗，以减少死亡率。病猪每日口服盐溶液，投服止泻剂（如药用炭、次硝酸铋等），必要时注射抗菌药物，如庆大霉素、氟哌酸、环丙沙星或恩诺沙星，以防细菌继发感染。注射或口服碳酸氢钠以防酸中毒。

39. 怎样诊治猪轮状病毒病？

猪轮状病毒病是由轮状病毒引起猪的一种急性肠道传染病，仔猪多发，发病特征为厌食、呕吐、腹泻，肥育猪、成年猪呈隐性感染，不表现临床症状。

【流行特点】 本病在冬季和早春多发，各种日龄的猪均可发生，但以8周龄以下仔猪多发，日龄越小发病率越高。受污染的饲料、饮水、垫料和土壤为传播媒介，通过消化道使易感猪发病，病猪、隐性感染带毒猪是主要传染源。

【临床症状】 病初精神沉郁、食欲不振、不愿走动、呕吐，随后迅速发生腹泻，粪便呈水样或糊状，呈黄白色、灰色、黑色，有时混有血液、黏液，多在3～7日龄因严重脱水而死亡。本病常呈地方性流行，潜伏期12～24小时。日龄小、环境卫生条件差、免疫状态低下、缺乏母源抗体保护的仔猪发病严重，环境温度低、继发大肠杆菌病时，常使病情加重，病死率升高。

【病理变化】 胃内充满凝乳块。肠壁菲薄，呈半透明状，肠内容物呈灰黄色、灰黑色水样或浆液性，空肠和回肠绒毛缩短变平，一般肉眼就可以看出，但用放大镜或用解剖显微镜看得更清楚。

【诊　断】 根据本病多发于寒冷季节，侵害仔猪，突然发生黄白色水样腹泻，发病率高，死亡率低，主要病变发生在消化道的特点，可做出初步诊断断，确诊需靠实验室检验。

【类症鉴别】

①与猪传染性胃肠炎的鉴别　两者均多发于冬季，各种日龄猪均可感染，临床表现为精神不振、腹泻、脱水。不同点是：猪传染性胃肠炎各种日龄的病猪均发生呕吐、腹泻，初生仔猪死亡率达100%，成年猪很少死亡。

②与猪流行性腹泻的鉴别　两者均多发于冬春季节，临床上以精神不振、腹泻、消瘦为特征。不同点是：猪流行性腹泻只感染猪，剖检胃内有黄白色凝乳块，而猪轮状病毒病除猪

外还可感染其他动物。

③与仔猪黄痢的鉴别　两者均表现精神不振，排黄色稀便，病死率高，以7日龄以内的仔猪多发。不同点是：仔猪黄痢病猪不发生呕吐，7日龄以上的猪不发病，药物治疗有效。

④与仔猪白痢的鉴别　两者均表现精神不振、腹泻、脱水。不同点是：仔猪白痢发生于10～30日龄仔猪，病猪排白色粪便且有臭味，药物治疗有效。

⑤与仔猪红痢的鉴别　两者均表现精神不振、腹泻、脱水。不同点是：仔猪红痢多发生于1～3日龄的仔猪，病猪粪便呈红褐色，内含灰白色组织碎片。

⑥与猪伪狂犬病的鉴别　两者均表现呕吐、腹泻、脱水，病死率高。不同点是：猪伪狂犬病病猪口流泡沫，具有神经症状，妊娠猪还可能出现流产。

【预防措施】　通过母猪自然感染或经口腔人工感染本病毒后，初乳和乳汁中含有一定的保护性抗体，故哺乳仔猪吃奶后可获得一定的免疫力。

加强饲养管理，保持圈舍清洁卫生，经常对猪舍和用具进行消毒，发现病猪立即隔离。

【治疗方法】　本病无特效治疗药物，发病时立即停止哺乳，对病猪进行对症治疗，如投服收敛止泻药，使用抗生素、磺胺类药物或喹诺酮类药物以防继发感染，静脉注射5%葡萄糖注射液200～400毫升以防脱水，静脉注射5%碳酸氢钠注射液10毫升防止酸中毒等。

40. 怎样诊治猪伪狂犬病？

猪伪狂犬病是由伪狂犬病毒引起猪的一种急性传染病，临床表现为妊娠猪流产、产死胎，多发于妊娠60～100天的妊娠猪；初生仔猪体温升高、呕吐、腹泻，并具有明显的神经症状和高死亡率；育成猪、公猪呈隐性感染，有时表现轻微呼吸道症状。

【流行特点】 本病虽一年四季均可发生，但以冬春季节和产仔旺盛季节多发，尤其在分娩高峰期的母猪舍首先发生，几乎每窝仔猪均发病，窝发病率高达100%，分娩高峰期后发病率降低。主要是15日龄以内的仔猪发病，最早4日龄，发病率几乎达100%，死亡率达85%，随着日龄的增长，发病率和死亡率逐渐下降。成年猪多呈隐性感染。病猪、带毒猪（可持续排毒1年）和带毒鼠是主要传染源，病毒既可通过感染母猪使胎儿和吃过初乳的仔猪垂直感染，又可通过病猪的鼻液、唾液、尿液间接感染易感猪。

【临床症状】 发热、厌食、便秘，妊娠猪流产，产死胎、弱胎、木乃伊胎，分娩提前或延迟。哺乳母猪感染后除一过性发热外，几乎无明显症状，但4～5天后排毒，可使仔猪感染发病，发病仔猪哺乳无力，呕吐，腹泻，痉挛，1～2天死亡。带毒母猪生出的仔猪，出生后第二天表现眼睛发红、闭目，体温升高，精神沉郁，口吐白沫，腹泻，肌肉震颤，后腿发紫、站立不稳、步态蹒跚，头颈歪向一侧做圆圈运动或后退，四肢麻痹，头向后仰，角弓反张，肌肉痉挛，鼻端触地，四肢划动呈游泳状，体温下降后引起死亡，死亡率可达50%～80%。断奶猪体温升高，咳嗽、打喷嚏、呼吸困难，排黄色稀水样粪便，耳尖发紫，呈犬坐姿势，有神经症状。育成猪、公猪、母猪的特征性症状是咳嗽、打喷嚏、呼吸困难，少数病猪也表现轻度发热，食欲减退，若无继发感染6～7天可恢复正常，成年猪则呈隐性感染。

【病理变化】 心包液增多，心内膜有斑点。肺水肿，伴有出血点和小叶肺炎。淋巴结水肿、充血。肝脏、脾脏、肾脏有坏死灶，胃底大面积出血，大肠呈斑块状出血。神经症状明显的病猪脑膜充血、脑脊液增多。咽炎、喉头水肿、喉黏膜和浆膜的点状或斑状出血对本病有一定诊断价值。

【诊　断】 根据流行特点和发病猪的特征性临床症状可做出初步诊断，确诊需靠实验室检查，其检查方法有琼脂扩散试验、免疫荧光抗体试验、乳胶凝集试验、病毒中和试验、聚合酶链式反应技术以及动物试验等。

【类症鉴别】

①与猪传染性脑脊髓炎的鉴别　两者均表现体温升高，有神经症状。不同点是：猪传染性脑脊髓炎病猪不发生流产，脑、脾组织混悬液人工接种家兔不发生奇痒症状。

②与猪李氏杆菌病的鉴别　两者均表现体温升高，有神经症状。不同点是：取病猪的脑、脾组织混悬液人工接种小白鼠或家兔，如果在接种部位无伤或无抓伤痕迹、无奇痒，则认为是李氏杆菌病。

③与猪瘟的鉴别　两者均表现体温升高，有神经症状。不同点是：猪瘟无论各种日龄病猪发病率和死亡率都很高，仔猪发病时还出现神经症状，病程稍长的死亡病猪，其内脏可看到典型的猪瘟病变。而猪伪狂犬病则仅会引起哺乳仔猪和断奶后小猪的大批死亡，育成猪、成年猪常为隐性感染。如给家兔或猫接种病猪血清或脑组织混悬液，当出现奇痒或抓伤时则认为是伪狂犬病，否则为猪瘟。

【预防措施】

①免疫预防

伪狂犬灭活苗：种公猪、生产母猪每 6 个月免疫 1 次；妊娠猪分娩前 30～45 天免疫 1 次，发病严重时产前 15～20 天再加强免疫 1 次。仔猪 20 日龄免疫 1 次，后备种猪 3 月龄加强免疫1次。成年猪肌内注射5毫升，仔猪肌内注射2毫升。

伪狂犬弱毒苗：污染猪场和疫区可用弱毒苗免疫，妊娠猪分娩前30～45天免疫1次，仔猪20日龄首免。如果妊娠猪分娩前未用过弱毒苗，所生仔猪7日龄即可注射伪狂犬病疫苗。妊娠猪一般注苗2毫升，仔猪注苗0.5毫升，断奶后再注苗1毫升，小猪、育成猪均注苗1毫升。疫区发病猪建议不注射疫苗，未表现临床症状的猪可以紧急接种疫苗。

②**加强饲养管理** 发现病猪立即隔离，淘汰带毒种公猪，圈舍要彻底消毒。

【治疗方法】 4周龄以下未感染仔猪，皮下或肌内注射伪狂犬病高免血清10～20毫升，保护期为10～14天，保护率达80%～90%，但对已感染仔猪的保护率只有50%～70%，对已出现神经症状的仔猪无保护能力，疫情严重地区间隔4～6天可重复注射高免血清1次。

41. 怎样诊治猪细小病毒病？

猪细小病毒病是由细小病毒侵袭母猪胎盘和胎儿，导致胎儿死亡，而母猪本身不表现任何临床症状的一种繁殖障碍性疾病。发病特征为感染母猪，特别是初产母猪往往产出木乃伊胎、畸形胎、死胎和病弱仔猪，妊娠猪流产后，母猪本身一切正常。

【流行特点】 细小病毒引起母猪繁殖障碍，常呈散发或地方性流行，初产母猪多发，夏季容易发病，既可通过交配、污染物或鼠类水平传播，又可通过母体垂直传播。病毒在污染圈内可存活4～5个月。

【临床症状】 妊娠早期（30～50天）感染，可引起胎儿吸收，母猪表现反复发情不孕；妊娠中期（50～60天）感染可引起死胎、木乃伊胎、畸形胎；妊娠 70 天感染可出现流产和产死胎；妊娠后期(70 天以后)感染大多能正常生产，但产出的仔猪瘦小、不能存活，即使存活下来也会终身带毒。弱仔出生后 30 分钟左右，先在耳尖、颈、胸、腹下、四肢上端内侧出现淤血和出血斑，随后逐渐变为紫红色并死亡。感染母猪除流产、产死胎外，不表现明显的临床症状。

【病理变化】 死亡仔猪和产出的弱仔皮下充血、出血、水肿，胸腔有淡红色或淡黄色渗出液，肝脏、脾脏和肾脏肿大、发暗、脆弱，有时萎缩。胎儿在子宫内被溶解和吸收。

【诊 断】 根据流行特点、临床症状，结合猪场在同一时期有较多母猪发生流产或产死胎、木乃伊胎、畸形胎，而母猪本身无任何临床症状时即可做出初步确诊，确诊需靠实验室检验，其检验方法有血凝抑制试验、中和试验、免疫荧光试验和乳胶凝集试验等。

【类症鉴别】

①与猪伪狂犬病的鉴别 两者均表现流产和产死胎、木乃伊胎等繁殖障碍症状。不同点是：猪伪狂犬病发病母猪所产出的仔猪，虽然膘情尚好，但 2 天后就表现体温升高、嗜睡、口吐白沫、站立不稳、四肢呈游泳状，最后倒地死亡。如果发生在产后 20 天，则病猪表现精神不振，眼睑充血肿胀，呼吸困难，出现特征性的神经症状，最后四肢麻痹衰竭而死。而猪细小病毒病发病母猪除繁殖障碍外，无明显临床症状，感染早期出现木乃伊胎、中期出现死胎、晚期产出弱仔。

②与猪繁殖与呼吸综合征的鉴别 两者均表现流产和产死胎、木乃伊胎等繁殖障碍症状。不同点是：繁殖与呼吸综合征患病母猪体温升高，厌食，嗜睡，可提前 1 周早产，也有少数病猪出现耳、尾部、外阴、腹部发绀。而猪细小病毒病发病母

猪除繁殖障碍外,无明显其他临床症状。

③与猪流行性乙型脑炎的鉴别　两者均表现流产和产死胎、木乃伊胎等繁殖障碍症状。不同点是:流行性乙型脑炎病猪体温升高,发病高峰期是在蚊、蝇孳生比较多的8～9月份,仔猪抽搐、震颤,公猪常发生一侧睾丸炎,触摸有热痛。而患细小病毒病的猪,除发病母猪出现繁殖障碍外,无其他明显临床症状,公猪也不表现睾丸炎。

④与猪衣原体的鉴别　两者均表现流产和产死胎、木乃伊胎等繁殖障碍症状。不同点是:猪衣原体病发生于各个日龄的猪,还可发生肺炎、肠炎、多发性关节炎、脑炎以及心包炎,公猪发生睾丸炎、尿道炎。

【预防措施】　后备公猪、母猪于5月龄以后、配种前3周首免,间隔14天二免。母猪分娩后或配种前3周免疫,妊娠猪一般不做免疫。种公猪每隔6个月于耳根后肌内注射2毫升,免疫期为6个月。常用的疫苗为细小病毒油乳剂灭活苗,疫区和非疫区均可使用,免疫期7个月。细小病毒弱毒苗适用于污染猪场。

加强饲养管理,自繁自养,不从疫区引猪,必须引进时一定要检疫。严格执行免疫程序,不间断免疫,淘汰阳性种公猪,严格消毒净化猪群。

【治疗方法】　本病尚无可靠治疗方法,平时应注意免疫预防,发病后控制继发感染。

42. 怎样诊治猪繁殖与呼吸综合征?

猪繁殖与呼吸综合征又称蓝耳病,本病是以母猪再次发情推迟,妊娠猪晚期流产,产死胎和弱仔明显增加,仔猪出生率低,断奶仔猪死亡率高,肥育猪呈现肺炎为特征的传染病。

在各种病毒病中，本病是高感染性疾病之一(最小感染量是1个病毒粒子)。病毒侵袭肺脏后，可在肺泡巨噬细胞内增殖，破坏猪肺泡巨噬细胞造成免疫抑制，因此猪繁殖与呼吸综合征又是一种免疫抑制性疾病。

【流行特点】 本病毒1991年首次报道于加拿大，2001年在我国开始流行，目前猪场猪群的感染率很高。新猪场往往呈暴发流行，而老猪场往往零星发生，在没有继发感染或环境卫生条件好的情况下，可能不表现症状，但是在有应激因素或与其他病混合感染时症状表现比较明显。阳性猪症状消失后，可持续排毒8～10周。本病可通过媒介物如空气、饲料、饮水传播，也可通过直接接触如交配、混养传播，或通过胎盘垂直传播感染胎儿。检测病猪所产胎儿的抗体时，有时呈现阳性，有时呈现阴性。

【临床症状】 初产母猪发热、精神沉郁，经产母猪尤其是妊娠猪表现厌食、产弱仔增多、呼吸困难。流产母猪妊娠期在100天以上，往往出现死胎和木乃伊胎。病猪有时呕吐，腹部、耳郭发紫，大量母猪流产、早产、产后无乳。新生仔猪呈现八字腿，有的仔猪出生时外表正常，但不久即呼吸困难，出生后24小时内死亡。哺乳仔猪突然发热，呼吸加快，腹泻，排胶冻样粪便，仔猪断奶前死亡率高，多数由于继发感染而死。保育猪发热，被毛粗乱，食欲减退，皮肤苍白，腹泻，渐进性消瘦，发育障碍，并且流鼻液、咳嗽、呼吸困难，呈现肺炎症状，淋巴结肿大。

【病理变化】 病猪皮肤色淡，皮下脂肪黄染，育成猪眼睑水肿，仔猪皮下水肿，胸腔积水，心肌变软，心内膜出血，心耳出血、坏死，肝脏肿大，有灰白色坏死灶，肾脏表面有针尖大出血点，胃出血、水肿，肺脏炎性水肿、肉变。部分猪全身淋巴结肿胀，如腹股沟、肠系膜、下颌淋巴结可肿大 2.5～10 倍，切面湿润，有时充血、出血。死亡胎儿皮肤呈棕色，皮下水肿，心包、腹腔有淡黄色积液。

【诊　断】 根据母猪流产、产死胎和木乃伊胎，新生仔猪大量死亡，肥育猪仅出现肺炎或不表现临床症状，加之病猪耳朵、四肢末端、尾部等处呈现紫蓝色可做出初步诊断，对急性猪繁殖与呼吸综合征有以下 3 项指标可供参考：①流产或早产超过 8%；②死胎率超过 20%；③仔猪出生后第一周死亡率超过 25%。如 2 周内有 2 项指标符合，且临床诊断成立，即可初步诊断为暴发猪繁殖与呼吸综合征。确诊要靠实验室检验，其检验方法有酶联免疫吸附试验、病毒分离鉴定、免疫荧光试验、病毒中和试验、聚合酶链式反应技术等。

【类症鉴别】

①与猪细小病毒病的鉴别　两者均表现不孕、流产、产死胎和木乃伊胎等繁殖障碍症状。不同点是：猪细小病毒病多发生于初产母猪，一般体温不高，能吃能喝，不表现任何临床症状。而猪繁殖与呼吸综合征以妊娠猪发热、厌食，大量母猪流产、早产、产后无乳，哺乳仔猪突然发热，呼吸加快，腹泻，排胶冻样粪便，肥育猪呈现肺炎为特征。

②与猪伪狂犬病的鉴别　两者均表现不孕、流产、产死胎和木乃伊胎等繁殖障碍症状。不同点是：感染伪狂犬病的成年猪只表现轻微临床症状，而仔猪尤其是 1 周龄以内的初生仔猪，则表现高热、呼吸困难、呕吐、腹泻、震颤、抽搐、昏迷、四肢呈游泳状划动、口吐白沫等症状，最后衰竭死亡，公猪发生睾丸炎。而猪繁殖与呼吸综合征则以哺乳仔猪突然发热、呼吸加快，断奶仔猪高死亡率，肥育猪出现典型肺炎，公猪不表现睾丸炎为特征。

③与猪流行性乙型脑炎的鉴别　两者均表现不孕、流产、产死胎和木乃伊胎等繁殖障碍症状。不同点是：流行性乙型脑炎病猪发病有明显季节性，一般多在 7～9 月份蚊、蝇孳生的季节发病，病猪表现乱冲、乱撞的神经症状，公猪睾丸肿胀。而猪繁殖与呼吸综合征则以哺乳仔猪突然发热、呼吸加快，断奶仔猪高死亡率，肥育猪出现典型肺炎，公猪不表现睾丸炎为特征。

④与猪衣原体病的鉴别　两者均表现不孕、流产、产死胎和木乃伊胎等繁殖障碍症状。不同点是：妊娠猪感染衣原体后，一般不表现异常临床变化，只是公猪表现睾丸炎，断奶前后仔猪发生肺炎、肠炎。育成猪表现多发性关节炎，有时病猪也出现神经症状。而猪繁殖与呼吸综合征则以哺乳仔猪突然发热、呼吸加快，断奶仔猪高死亡率，肥育猪出现典型肺炎为特征。

【预防措施】　加强饲养管理，实施全进全出制度，严格对猪舍内外进行消毒。

目前国内外已研制出猪繁殖与呼吸综合征灭活苗和弱毒苗，由于猪繁殖与呼吸综合征病毒具有抗体依赖性感染增强现象，故必须有很高的中和抗体滴度，才能抵抗猪繁殖与呼吸综合征病毒的再次感染，当中和抗体滴度下降时，病毒增殖则会加强，病情加重，故给免疫带来一定困难。其免疫程序和免疫剂量是：种猪每隔 4 个月全群普防 1 次，剂量为 1 头份(2 毫升)。首次普防后间隔 4～5 周进行二免。仔猪免疫在 3～4 周龄(4 周产生免疫力)，剂量为半头份(1 毫升)。

①猪繁殖与呼吸综合征灭活苗　此苗可减轻临床症状，但不能阻止病毒再次感染和病猪的排毒，此苗安全不散毒、不返祖，对母源抗体干扰不大，但灭活过程中可造成抗原表位缺

失或抗原性减弱而不能产生足够的抗原保护，故需要重复接种，对后备猪和育成猪在配种前1个月免疫，经产母猪在空怀期接种1次，3周加强免疫1次，由于免疫效果差，故有人用地方株制备灭活苗在当地使用取得了一定效果。

②猪繁殖与呼吸综合征弱毒苗　免疫力强，诱导免疫持续时间长，但弱毒苗可能会由于毒株抗原性减弱而导致免疫原性受到限制，也可能减毒不彻底，反而引起临床感染或免疫抑制，一般弱毒苗用于3～18周龄和没有妊娠的母猪，非感染猪场最好不使用弱毒苗。

【治疗方法】　发病初期可口服解热药，如水杨酸钠、阿司匹林等1～3克，同时使用抗生素如支原净、强力霉素、头孢塞唑等，以防止继发感染。弱仔及时哺喂初乳，给新生仔猪使用抗生素预防腹泻。保育生长阶段饲喂的饲料中添加抗生素，补充适量维生素E和微量元素硒可降低发病率与死亡率。

43. 怎样诊治猪流行性乙型脑炎？

猪流行性乙型脑炎是由流行性乙型脑炎病毒引起的一种人兽共患病，通过蚊、蝇传播。猪对流行性乙型脑炎病毒有较强的易感性，其临床症状以妊娠猪流产、产死胎和木乃伊胎，公猪发生睾丸炎，肥育猪持续高热和新生仔猪脑炎为主要特征。

【流行特点】　本病具有明显的季节性，一般发生在7～9月份蚊、蝇孳生季节，虽然不同品种、年龄、性别的猪对本病均有易感性，但以6月龄以前的猪更具易感性，病毒既可通过蚊、蝇传播，也可经胎盘感染胎儿。

【临床症状】　妊娠猪突然发生流产，产出木乃伊胎、死胎、弱仔，四肢畸形。流产后胎衣滞留，同窝胎儿差别极大，小的如人的大拇指，大的与正常胎儿一样，流产后症状减轻，体温、食欲恢复正常。公猪则发生睾丸炎，一侧或两侧睾丸肿胀，2～3天炎症消失，睾丸萎缩变硬。仔猪和肥育猪体温高达40℃～41℃，呈稽留热，精神沉郁，食欲减退，饮欲增加，结膜潮红，粪便干燥，尿液呈深黄色，仔猪出现神经症状时，则表现转圈运动，视力障碍，摆头，乱冲乱撞，后期后肢麻痹，倒地不起而引起死亡。

【病理变化】 病猪脑、脑膜、脊髓膜充血，脑室和脊髓液增多，睾丸肿大、充血、坏死，子宫内膜充血有小出血点。流产胎儿皮下水肿、脑积水、肌肉褪色，肝脏肿大、贫血、质硬，有小点状坏死，脾脏除边缘出血梗死外大小正常，全身淋巴结肿大，边缘出血。

【诊　断】 根据发病具有明显的季节性(一般为7～9月份)，妊娠猪突然出现流产、胎衣滞留，公猪睾丸肿胀等特征可做出初步诊断，确诊须靠实验室检验，其检验的方法有血凝抑制试验、中和试验、病毒分离鉴定等。

【类症鉴别】

①与猪细小病毒病的鉴别　两者均表现流产、产死胎和木乃伊胎等繁殖障碍症状。不同点是：猪细小病毒病长年发病，多发生于初产母猪，其他猪不表现临床症状，公猪不出现睾丸炎，仔猪不发生神经症状。而猪流行性乙型脑炎发病具有明显的季节性，一般在7～9月份发生，公猪发生睾丸炎，肥育猪持续高热，新生仔猪发生脑炎。

②与猪伪狂犬病的鉴别　两者均表现流产、产死胎和木乃伊胎等繁殖障碍以及神经症状。不同点是：猪伪狂犬病一年四季均可发病，出生仔猪体温升高、呕吐、腹泻，具有明显的神经症状，死亡率高，育成猪、公猪一般呈隐性感染，有时表现

轻微呼吸道症状。而猪流行性乙型脑炎发病具有明显的季节性,多在7～9月份发病,公猪呈现睾丸炎,肥育猪持续高热,新生仔猪发生脑炎。

③与猪繁殖与呼吸综合征的鉴别　两者均表现流产、产死胎和木乃伊胎等繁殖障碍症状。不同点是:患繁殖与呼吸综合征的哺乳仔猪突然发热、呼吸加快,断奶仔猪死亡率高,肥育猪出现典型肺炎,公猪不表现睾丸炎。而猪流行性乙型脑炎发病有明显的季节性,母猪产死胎,公猪表现睾丸炎,仔猪出现神经症状。

④与猪传染性脑脊髓炎的鉴别　两者均表现体温升高和神经症状。不同点是:猪传染性脑脊髓炎仔猪比成年猪易感,母猪不发生流产,公猪不发生睾丸炎。而猪流行性乙型脑炎多在蚊、蝇孳生的7～9月份发病,公猪易发生睾丸炎,肥育猪表现持续高热。

【预防措施】

①免疫预防

猪流行性乙型脑炎弱毒苗:分冻干苗和水苗2种,青年公猪和母猪在蚊、蝇孳生季节到来前45天,每头猪肌内注射1毫升,2周后再加强免疫1次,育成母猪、公猪于配种前45天每头猪肌内或皮下注射弱毒苗1毫升,2周后再加强免疫1次,一般妊娠猪免疫无不良反应。

猪流行性乙型脑炎灭活苗:以仓鼠肾灭活苗免疫效果较好,其次为鼠脑苗,皮下或肌内注射5毫升。

②加强饲养管理　夏天注意圈舍及周围环境的防暑和灭蚊、灭蝇工作,消毒一定要彻底。

【治疗方法】　实施对症治疗,以抗菌、退热、镇静为主要手段。

44. 怎样诊治猪圆环病毒病？

猪圆环病毒具有 PCV1 和 PCV2 两种基因型。PCV1 亚型无致病性，PCV2 亚型具有致病性，可以引起断奶仔猪多系统衰竭综合征。猪圆环病毒病是一种新的传染病，1991 年在加拿大首次暴发，是一种免疫抑制性疾病。其发病机制是免疫系统受到抑制，造成机体免疫应答能力降低，机体免疫力下降。临床上以断奶仔猪呼吸急促，呼吸困难，腹泻，贫血，具有明显的淋巴结病变和进行性消瘦为主要特征。

【流行特点】 PCV2 亚型病毒对猪具有很强的感染性，经口腔、呼吸道感染妊娠猪，经胎盘垂直传染给仔猪，并引起断奶仔猪多系统衰竭综合征，本病多发生于 5～12 周龄仔猪，最常见于 6～8 周龄的仔猪。脾脏、肺脏、淋巴结含毒量较高。发病率一般为 3%～5%，死亡率为 8%～35%。具有临床症状的病猪其死亡率高达 80%。在临床上，PCV2 亚型病毒与猪繁殖与呼吸综合征病毒并发感染最严重，可占 75.9 %。其次是与猪副嗜血杆菌并发感染，占 13.4%。在 PCV2 亚型病毒的多因子感染病例中，与猪繁殖与呼吸综合征和猪副嗜血杆菌混合感染可造成 20%以上断奶仔猪死亡。

【临床症状】 以发热，生长发育受阻，进行性消瘦，行动迟缓，淋巴结肿大，多数病猪表现咳嗽、打喷嚏、呼吸加快、呼吸困难，部分病猪食欲不振、衰弱、皮肤苍白、黄疸、消瘦为特征，另外有些病猪可见食欲不振、体重减轻、腹泻、嗜睡、皮炎等症状。

【病理变化】 病猪全身营养状况不良，肌肉萎缩，皮肤苍白、贫血，20%病例表现黄疸，淋巴结肿大，特别是腹股沟淋巴结肿大，内脏淋巴结和外周淋巴结肿大 3～4 倍，呈现白色或土黄色，切面湿润，呈紫色外观。脾脏常肿大，呈肉样变化，切面无充血现象。心脏变形，质地柔软，心冠脂肪萎缩。肺脏肿胀，坚实呈橡皮样，表面呈灰棕色花斑状，也可看到黑色或棕色肺泡出血斑。肾脏水肿、苍白，被膜下有白色坏死灶，质地如肉样，比正常大 5 倍。肝脏发暗，萎缩呈浅黄色至橘黄色外观。胃肠表现不同程度的损伤，胃底黏膜可见不透明块状白色区域，盲肠和结肠黏膜壁厚，充血或出血。组织学检查 PCV2 亚型病毒感染的仔猪细胞内出现包涵体。

【诊　断】 根据发病猪消瘦、贫血、皮肤苍白、黄疸，剖检全身淋巴结肿大，肺退化不全或形成固化致密病灶可做出初步诊断，确诊需靠实验室检验，检验方法有免疫荧光试验、酶联免疫吸附试验、聚合酶链式反应技术等。

【预防措施】 据资料报道和实践证实，用病毒含量高的淋巴结、脾脏制作自家灭活苗预防注射可收到一定效果。其免疫程序为仔猪出生后 7 天进行第一次免疫，21 天时进行第二次免疫。

加强饲养管理，减少环境应激因素，降低饲养密度，保育舍控制在 3 头/米^2，肥育舍控制在 0.75 头/米^2，严格全进全出制度，禁止不同来源、不同日龄的猪混群饲养。严格控制外来污染源，避免从疫区引猪。早期断奶，减少母猪对仔猪的感染，当发现疑似感染猪时要进行彻底检查，及时隔离或淘汰病猪。饲料营养要平衡，饲料中各种氨基酸的含量要充足，应富含维生素和微量元素。

【治疗方法】 用抗生素治疗有助于解决细菌感染和并发症问题。

45. 怎样诊治非洲猪瘟?

非洲猪瘟是由非洲猪瘟病毒引起的猪的一种急性、高度接触性、病毒性传染病,其发病特点是发病急、病程短,病猪呈现稽留热,皮肤发绀,淋巴结和内脏器官严重出血,发病率和死亡率都很高。非洲猪瘟的临床症状、病理变化和流行病学特点类似急性猪瘟,但比急性猪瘟发病更急。

【流行特点】 本病仅发生于猪,野猪多呈隐性感染,病猪的各种分泌物、排泄物都是危险的传染源,大多数康复猪都是带毒者。被污染的饲料、饮水、用具可通过消化道感染易感猪,猪虱、隐嘴蜱、蚊等吸血昆虫是重要的传播媒介。

【临床症状】 本病潜伏期为5～9天,发病猪体温突然上升至40.5℃,稽留4天,开始发病通常不表现临床症状。当体温下降时或死前1～2天,病猪才出现精神沉郁、厌食、独卧一隅或相互堆叠,呼吸、心跳加快,腹泻,粪便带血,行走时后肢无力,眼、鼻有浆液性或脓性分泌物,鼻盘、耳部、腹部等处常见发绀。发病猪直至死前仍能吃食,死亡率在95%以上。

【病理变化】 病猪全身呈现败血症病变,淋巴结的病变最具有特征性,肠系膜淋巴结严重出血、水肿,胸部、腹部和颌下淋巴结出血较轻,体表淋巴结仅周边轻度出血。胸腔、腹腔、心包积液,呈黄色或红色,心内外膜有出血斑。气管、肺小叶间水肿,呈黄色胶样浸润。肠系膜黏膜下水肿,胃、肠黏膜有炎症和出血性变化,大肠黏膜有类似纽扣状溃疡病变。肾皮质部呈点状出血,膀胱黏膜有淤血斑,脾脏肿大但无梗死。

【诊　断】 根据临床症状,结合病理变化可做出初步诊断,确诊需靠实验室检验,检验方法有动物接种试验、红细胞吸附和红细胞吸附抑制试验、免疫荧光试验、琼脂扩散沉淀试验以及补体结合试验。

【类症鉴别】 非洲猪瘟与猪瘟在临床症状上极为相似，易于混淆，应注意鉴别。其鉴别要点如下。

第一，非洲猪瘟病猪当体温下降时才表现临床症状，出现临床症状时病猪至少已发热 4 天，处于濒死状态；而猪瘟病猪一旦出现体温升高，就立即出现明显的临床症状直至死亡。

第二，非洲猪瘟死亡猪的淋巴结严重出血，状似血瘤；而猪瘟病猪的淋巴结则充血、出血、水肿，外观似大理石样花纹。

第三，非洲猪瘟死亡的病猪，剖检可见腹腔、胸腔、心包内液体较多，呈黄色，肠系膜呈胶样水肿，而猪瘟病猪则无此病变。

第四，非洲猪瘟对所有猪均易感，呈暴发流行，但在我国尚未发现本病，也无疫苗接种；我国已用猪瘟兔化弱毒疫苗对健康猪进行了普遍免疫，所以大部分猪对猪瘟有一定抵抗力，即使发病也多呈亚急性或慢性流行。

第五，如在猪瘟免疫猪群中突然发生与猪瘟相似的传染病，传播快、大批发病、死亡率高，猪瘟疫苗紧急接种后疫情仍未减轻，则可怀疑为非洲猪瘟。

第六，非洲猪瘟无疫苗抗体，而猪瘟有疫苗抗体，血清抗体检测时若非洲猪瘟抗体呈阳性则可怀疑为本病。

【预防措施】 非洲猪瘟目前尚未研究出可用疫苗，猪群中若发现可疑病猪应立即封锁、消毒，确诊后，全群扑杀，焚烧深埋，彻底消灭传染源。不从疫区引进生猪及其产品，对急需引进的生猪及其产品一定要进行严格检疫。

46. 怎样诊治猪传染性脑脊髓炎？

猪传染性脑脊髓炎是由传染性脑脊髓炎病毒侵害中枢神

经系统引发的传染病。其发病特征为共济失调、肌肉抽搐、四肢麻痹及中枢神经系统紊乱。

【流行特点】 传染性脑脊髓炎仅见于猪，各品种和各年龄的猪均有易感性，但以幼龄仔猪(4～5 周龄)易感性最强，成年猪多呈隐性感染。本病既可通过污染的饲料、饮水经消化道感染，又可经呼吸道传播，病猪和带毒猪是主要传染源。

【临床症状】 病初体温升高至 40℃～41℃，厌食、倦怠，随后迅速出现寒战和共济失调。当受到周围不良因素刺激时，则出现四肢僵硬和反复跌倒，发病严重时眼球震颤，肌肉抽搐，角弓反张，昏迷，有时磨牙、鸣叫，接着发生麻痹，呈侧卧或犬卧状。出现症状后 3～4 天死亡，致死率高达 50%～60%。

【病理变化】 死于传染性脑脊髓炎的病猪剖检可见脑膜水肿，脑膜和脑血管充血，心肌和骨骼肌萎缩，其他无肉眼可见的变化。

【诊　断】 根据流行特点、临床症状可做出初步诊断，确诊需靠实验室检验。其检验方法有病毒分离试验和血清学试验。

【类症鉴别】

①与猪血凝性脑脊髓炎的鉴别　两者均有体温升高、哺乳仔猪易感性强、成年猪呈隐性感染、具有神经症状等特点。不同点是：猪血凝性脑脊髓炎病猪临床表现消瘦、呕吐等症状，而传染性脑脊髓炎病猪则不表现消瘦、呕吐症状。

②与猪伪狂犬病的鉴别　两者均表现体温升高，仔猪易感，行动失调，痉挛，站立不稳，角弓反张等神经症状。不同点是：猪伪狂犬病表现妊娠猪流产，产死胎或无生活力的弱仔，临床表现呕吐、腹泻、口吐白沫、四肢呈游泳状划动，最后衰竭

死亡。而传染性脑脊髓炎小猪和育成猪易感性高，母猪不流产，公猪不发生睾丸炎。

③与猪流行性乙型脑炎的鉴别　两者均表现体温升高，有神经症状。不同点是：猪流行性乙型脑炎在蚊、蝇孳生的7～9月份多发，公猪容易发生睾丸炎，肥育猪持续高热。而猪传染性脑脊髓炎仔猪比成年猪易感，母猪不发生流产，公猪不发生睾丸炎。

④与猪李氏杆菌病的鉴别　两者均表现体温升高，运动失调、痉挛、站立不稳等神经症状。不同点是：猪李氏杆菌病多发生于断奶后的仔猪，临床上分为败血型（体温升高、口渴、腹泻、咳嗽、呼吸困难，耳部、腹部及皮肤发绀）和脑炎型（共济失调，肌肉震颤，抽搐，口吐白沫，最后衰竭死亡）。而传染性脑脊髓炎无败血症变化。

【预防措施】　由于病猪康复后可产生坚强免疫力，所以有的国家采用病猪脑组织制备灭活苗对猪进行免疫接种，但保护率较低，当前也有采用猪肾细胞传代培育猪传染性脑脊髓炎弱毒苗或细胞培养猪传染性脑脊髓炎灭活苗对小猪实施免疫，保护率达80%以上。

加强对引进猪的检疫，如发现可疑病猪，首先采取隔离和消毒措施，然后迅速确诊并立即封锁，报上级有关部门就地扑杀，控制本病的发生与流行。

【治疗方法】　实施对症治疗和康复血清治疗可取得一定效果。

47. 怎样诊治猪血凝性脑脊髓炎？

猪血凝性脑脊髓炎是红细胞凝集性脑脊髓炎病毒引起猪的一种急性传染病，主要感染幼猪。其发病特征为呕吐、进行性消瘦和中枢神经系统障碍，病死率很高。

【流行特点】 血凝性脑脊髓炎仅感染猪，尤其是1～3周龄的仔猪易感性强。病猪和带毒猪是主要传染源，病毒既可经呼吸道又可经消化道感染，成年猪虽呈隐性感染，但可以排毒，被感染的仔猪，病情严重时发病率和死亡率可达100%。

【临床症状】 根据症状可分2种类型，即呕吐消瘦型和脑脊髓炎型。有时两者也可同时存在于一个猪群或不同猪群。

①呕吐消瘦型　发病初期体温升高，反复呕吐，仔猪扎堆，弓背、磨牙、精神委顿。有的病猪出现咽喉肌肉麻痹，不能吞咽，口流泡沫，便秘。较小的仔猪几天后发生严重脱水，结膜发绀，昏迷死亡。较大的仔猪发病轻，表现不食、消瘦、呕吐等症状，不死的转为僵猪。

②脑脊髓炎型　常发于2周龄以下仔猪，病猪先表现厌食，继而发生昏睡、呕吐、便秘，四肢发紫。其后有的病猪打喷嚏、咳嗽、磨牙，1～3天后出现中枢神经系统障碍，知觉过敏，步态不稳，共济失调，后肢麻痹呈犬坐姿势，最后卧地，四肢呈游泳状划动，呼吸困难，眼球震颤，失明，昏迷死亡，病程10天，病死率几乎达100%。

【病理变化】 脑脊髓炎型可见轻度的卡他性鼻炎，呕吐消瘦型仅见胃肠炎变化。

【诊　断】 根据流行特点、临床症状只能做出推测性诊断，确诊需靠实验室检验，其检验方法有病毒分离鉴定、鸡红细胞凝集和红细胞凝集抑制试验、红细胞吸附和红细胞吸附抑制试验、病毒中和试验等。

【类症鉴别】

①与猪传染性胃肠炎的鉴别　猪血凝性脑脊髓炎的呕吐

消瘦型病猪与猪传染性胃肠炎病猪均表现食欲不振、体温升高、呕吐、消瘦等症状。不同点是:猪传染性胃肠炎除表现呕吐和消瘦外,还可见到水样腹泻,不表现神经症状。

②与猪伪狂犬病的鉴别　两者均表现体温升高、运动失调、站立不稳、痉挛等神经症状。不同点是:猪伪狂犬病表现的神经症状多发生于出生后2～3天的仔猪,在同群的一胎或二胎妊娠猪中还可见到流产、产死胎或木乃伊胎。

③与猪传染性脑脊髓炎的鉴别　两者均表现体温升高、运动失调、站立不稳、痉挛等神经症状。不同点是:猪传染性脑脊髓炎多发生于4～5周龄仔猪,发病症状为四肢僵硬、前肢前移,后肢后移,不能站立,发病呈波浪式,惊厥常持续24～36小时。成年猪多呈隐性感染。

④与猪流行性乙型脑炎的鉴别　两者均表现体温升高、运动失调、站立不稳、痉挛等神经症状。不同点是:猪流行性乙型脑炎仅发生于蚊、蝇活动季节,除妊娠猪发生流产和产死胎外,公猪还可发生睾丸炎,一般多为单侧发病。

【预防措施】　本病目前无特效疫苗,母猪感染病毒2～3周后,产出的仔猪可通过母源抗体获得保护。

加强检疫,定期做血清学调查,及早确诊,果断采取措施,防止疫情蔓延扩散。

48. 怎样诊治仔猪先天性震颤?

仔猪先天性震颤又称先天性痉挛、仔猪跳跳病,是由震颤病毒通过母猪胎盘垂直传播给仔猪,引起初生仔猪的一种全身或局部肌肉发生阵发性痉挛的疫病。

【流行特点】　仔猪先天性震颤仅发生于仔猪,受感染的母猪在妊娠期间不显示临床症状,多呈隐性感染。母猪若生过一窝发病仔猪，则以后所生的几窝仔猪均不发病。在同一感染猪群中，产仔季节早期出生的仔猪症状最为严重，随着产仔季节的推移，后出生的仔猪症状逐渐变轻。日本学者认为，本病与母猪妊娠期间接种猪瘟疫苗有关，也有学者认为本病的发生与妊娠期母猪营养不良有关，饲料中矿物质缺乏，钙、磷比例失调，可促使本病的发生。

【临床症状】 患病仔猪出生后立即表现震颤，全身肌肉剧烈抽搐，头部、四肢、尾部发生有节奏的阵发性痉挛，后肢无力。发病仔猪出生前后，母猪无明显临床症状，分娩正常。发病仔猪的症状轻重不一，若全窝仔猪发病则症状严重，若一窝中只有部分仔猪发病则症状较轻。

【病理变化】 发病猪无肉眼可见的明显病变。如对中枢神经做组织学检查，可见脑血管周围间隙，特别是脑基部充血、出血。

【诊　断】 根据流行特点、临床症状可做出初步诊断，确诊需靠病理组织学检查中枢神经，同时进行病毒分离和动物试验。

【预防措施】 目前尚无可靠的预防用苗和有效的治疗药物。用硫酸镁 2.5～7.5 克肌内或静脉注射，在缓解症状方面有一定的效果，可降低死亡率。

加强饲养管理，保持病仔猪身体和环境温暖、干燥、清洁，减少应激因素，最好能使患病仔猪尽早吃上初乳，以减少死亡。发病康复后的仔猪不能作种猪使用。避免妊娠猪与病猪接触。

49. 怎样诊治猪脑心肌炎？

猪脑心肌炎是脑心肌炎病毒引起猪的急性、致死性传染病，其发病特征为发生急性心肌炎、脑炎和心肌周围炎。

【流行特点】 对脑心肌炎病毒易感的动物虽然很多，但以哺乳仔猪的易感性最高，一旦发病，同窝或同圈猪都可感染死亡。断奶猪感染后多呈亚临床感染，病死率不高。妊娠猪感染后，既可经胎盘垂直感染胎儿，又可经母乳传给胎儿，病毒主要存在于心肌、肝脏、脾脏，带毒鼠是主要传染源，仔猪通过采食污染的饲料、饮水或病死鼠而感染。

【临床症状】 本病潜伏期为 2～4 天，病初体温出现短暂升高（可达 41℃），持续不到 1 天就可能出现急性心脏病的特征，多数病猪不表现任何症状而突然死亡。也有少数病猪表现精神沉郁、食欲减退、眼球震颤、蹒跚、麻痹、呼吸困难，最终因急性心力衰竭而突然死亡。

【病理变化】 发病死亡猪腹部皮肤呈紫色，心包积液、心肌柔软，出现心肌炎、心肌变性和坏死、纤维素性心外膜炎。右心室扩张，有灰白色条状坏死，腹水、肺脏和肠系膜水肿，肝脏肿大。

【诊　断】 根据主要发生于仔猪，发病突然，无先驱症状，死亡迅速，心肌出现变性、坏死等特征性病变，再结合流行特点可做出初步诊断。确诊需做实验室检查，其检验方法有病毒分离鉴定、病毒中和试验以及动物试验。

【类症鉴别】

①与猪维生素 A 缺乏症的鉴别　两者均表现精神沉郁、运动失调、痉挛等症状。不同点是：猪维生素 A 缺乏症是由于日粮中缺乏维生素 A 所引起，以冬末春初青绿饲料缺乏时仔猪多发，临床表现为目光凝视、瞬膜外露、头颈歪斜、共济失调，呈现明显的神经症状。

②与仔猪水肿病的鉴别　两者均表现发病突然、步态不

稳等症状。不同点是：仔猪水肿病的病原为大肠杆菌，多在断奶前后、膘情好的仔猪中发病，以脸部和眼部水肿、胃底部肌层和黏膜层有大量透明的胶冻样液体为特征。

③与仔猪白肌病的鉴别　两者均表现步态不稳、后肢麻痹等症状。不同点是：仔猪白肌病是由于日粮中缺乏微量元素硒和维生素 E 所致，除具有神经症状和心肌呈灰白色外，可见病猪排血红蛋白尿。剖检骨骼肌色淡如鱼肉样，肝脏肿大有槟榔样花纹。

【预防措施】　目前尚无疫苗和有效的治疗方法，主要依靠综合性的防治措施，注意防止野生动物，特别是啮齿类动物进入养猪场，一旦发现要予以彻底消灭，以防其偷食或污染饲料与饮水。发现可疑病例时，立即隔离消毒，快速诊断。病死动物必须进行无害化处理，被污染的场地应全面彻底消毒。

50. 怎样诊治猪包涵体鼻炎？

猪包涵体鼻炎又称猪巨细胞包涵体病，是猪细胞巨化病毒引起仔猪的一种以表现鼻炎症状为特征的传染病。

【流行特点】　病猪和带毒猪是主要传染源，以 2 周龄仔猪易感性最强，特别是在诱发因子（如感染猪副嗜血杆菌和布鲁氏菌）存在时，机体抵抗力降低，使仔猪常呈现暴发流行。

【临床症状】　猪包涵体鼻炎所感染的成年猪，只有在毒血症阶段才表现厌食、倦怠，妊娠猪在妊娠期除引起胎儿感染死亡流产外，无其他临床症状。新生仔猪出生后，看不到临床症状就突然死亡。5～10 日龄的仔猪感染后一般呈急性经过，初期表现流泪、打喷嚏、流浆液性鼻液，后期因鼻塞和呼吸困难导致精神沉郁、厌食、消瘦，最后因麻痹死亡。4 月龄以上被感染猪无明显临床症状。

【病理变化】 鼻腔黏液增多，胸腔和全身皮下组织、喉头、跗关节周围皮下显著水肿，肺脏水肿，肺脏的尖叶、心叶可见肺炎灶，胸腔和心脏周围有渗出液。淋巴结和肾脏肿大、出血、水肿，带有淤血点，肾脏外观呈斑点状或完全发紫。鼻黏膜上皮细胞核内可见各种形态的包涵体。

【诊 断】 根据临床症状和病理变化可做出初步诊断，确诊需靠包涵体检查、病毒分离和荧光抗体试验等实验室检验。

【类症鉴别】

①与猪传染性萎缩性鼻炎的鉴别 两者均表现打喷嚏、鼻塞、鼻孔流黏性或脓性分泌物、鼻甲骨变形等症状。不同点是：猪传染性萎缩性鼻炎以6～8周龄仔猪易感，3月龄以上的猪感染后症状不明显，发病严重时虽然鼻甲骨萎缩，鼻面部变形，呼吸困难，生长停滞，但死亡率不高。

②与猪坏死性鼻炎的鉴别 两者均发生于仔猪，症状是鼻流脓性分泌物。不同点是：坏死性鼻炎病猪鼻黏膜呈黄白色，出现溃疡面。

【预防措施】 目前尚无有效疫苗预防，当猪场暴发本病时，患病母猪初乳内可能含有中和抗体，对哺乳仔猪有一定的保护力。

加强饲养管理，采取综合性措施，注意引进猪只的检疫，认真搞好消毒，保持猪舍环境卫生。

【治疗方法】 目前尚无有效治疗药物，当猪场暴发本病时，使用抗生素可控制细菌病的继发感染。

51. 怎样诊治猪痘？

猪痘是由猪痘病毒和痘苗病毒引起猪的一种急性、热性传染病。其发病特征是患部皮肤和黏膜发生规律性病变，即红斑、丘疹、水疱、脓疱和结痂。

【流行特点】 病猪和病愈带毒猪是主要传染源，本病发病率高，死亡率低，只能引起猪发病，其他动物不发病，仔猪、小猪多发，成年猪具有抵抗力。通过损伤的皮肤，由猪虱、蚊、蝇等昆虫传播。虽然任何季节均可发病，但在春、秋季天气阴雨寒冷以及圈舍潮湿污秽、猪只营养不良时发病严重。

【临床症状】 本病潜伏期为4～7天，病初病猪体温升高，精神沉郁，食欲减退，眼、鼻有分泌物。病猪被毛稀少的部位，如鼻盘、眼皮、下腹部内侧等处出现许多突出于皮肤表面的丘疹，经2～3天变为水疱，很快形成脓疱，发病后10天左右脓疱逐渐结痂，20天后多数痂皮脱落，遗留白色斑块而痊愈。本病虽死亡率不高，但在饲养管理条件恶劣的情况下，可继发细菌感染，形成脓肿溃疡甚至融合成片，有时还可并发支气管炎、肺炎和胃肠炎，最终导致死亡。

【病理变化】 咽、口腔、胃和气管常发生疱疹，如进行组织学检查可见棘细胞肿胀变性，胞核染色质溶解，出现特征性核空泡。

【诊　断】 根据流行特点和临床症状一般不难做出诊断，确诊需靠实验室检查。

【类症鉴别】

①与猪口蹄疫的鉴别　两者均表现体温升高，口腔、鼻盘部出现水疱等症状。不同点是：猪口蹄疫传播迅速，水疱只发生在唇、齿龈、口腔、乳房和蹄部，躯干部不发生。而猪痘的水疱主要发生在下腹部和四肢内侧。

②与猪传染性水疱病的鉴别　两者均表现体温升高，口腔、蹄部出现水疱等症状。不同点是：传染性水疱病的水疱主

要发生于蹄部、口腔、鼻部,躯干部不发生,传播速度也比猪痘快。

③与猪水疱疹的鉴别　两者均表现体温升高,口腔、舌、蹄部出现水疱等症状。不同点是:猪水疱疹躯干部不发生水疱。

④与猪湿疹的鉴别　两者均在躯干部、胸腹下出现丘疹、水疱、脓疱等症状。不同点是:猪湿疹发病后病猪体温不高,无传染性,丘疹中央无脐状凹陷,有奇痒症状。

【预防措施】　注射改善环境卫生条件,引进猪只时应严格检疫,防止引入带毒猪。加强灭虱、灭蚊工作。

【治疗方法】　目前无特效治疗方法,发病后隔离病猪,可用抗生素控制继发感染,有条件的猪场可制备自家苗进行预防。

52. 怎样诊治猪狂犬病?

猪狂犬病是由狂犬病毒引起的一种急性、接触性传染病。其发病特征是病猪狂躁不安,意识紊乱,咬人、咬物,最终麻痹死亡。

【流行特点】　本病一年四季均可发生,患病动物唾液中含有大量病毒,主要通过病畜咬伤感染,也可经过消化道、呼吸道和胎盘感染。伤口越深、越靠近头部,发病率越高。

【临床症状】　猪狂犬病的潜伏期为20～26天,其发病的典型特征是突然发作,病猪兴奋不安,横冲直撞,不断用鼻拱地,运动失调,攻击人、畜,叫声嘶哑,全身肌肉痉挛,流涎,咬牙,在发作间隙,常隐藏在垫料中,一听到声音便一跃而起,无目的地乱跑,最后麻痹死亡。

【病理变化】　尸体消瘦,血液浓稠、凝固不良,躯体常见咬伤。胃内空虚，常有石块、泥土、毛发等。胃肠黏膜充血、出血或溃疡，脑水肿，脑膜、脑实质小血管充血和点状出血。

【诊　断】 根据典型的临床症状，结合疯犬咬伤史，可做出初步诊断，确诊需靠实验室检查，如进行动物接种、荧光抗体检查、酶联免疫吸附试验和琼脂扩散试验等。

【类症鉴别】

①与猪李氏杆菌病的鉴别　两者均表现先兴奋后麻痹症状。不同点是：李氏杆菌病与咬伤无关，临床表现为头颈后仰，前后肢张开，呈现典型的观星姿势，肌肉阵发性痉挛，口吐白沫，病猪侧卧于地上，四肢乱动，常出现吞咽动作，没有攻击性。

②与猪伪狂犬病的鉴别　两者均表现叫声嘶哑和神经症状。不同点是：伪狂犬病病猪无咬伤史，在没有注射猪伪狂犬病疫苗的情况下，常有较多的哺乳仔猪发病，表现症状为兴奋、痉挛、麻痹、意识不清，病死率很高，在哺乳仔猪患病的同时常伴有母猪流产、产死胎和木乃伊胎，取病料处理后接种家兔，在接种部位出现奇痒症状。

【预防措施】 目前尚无猪狂犬病的专用疫苗，要想搞好狂犬病的预防工作，每年应定期给家犬、警犬注射狂犬病疫苗，及时扑杀疯犬、野犬，以防咬伤人、畜。患病动物不得剖检，将尸体深埋或焚烧。

加强饲养管理，保持病仔猪温暖、干燥和清洁，减少应激因素，尽早使患病仔猪吃上奶，减少死亡。

【治疗方法】 目前尚无有效治疗药物，用2.5～7.5克硫酸镁肌内或静脉注射可缓解症状和降低死亡率。

53. 怎样诊治猪肠道病毒感染？

猪肠道病毒感染是由猪肠道病毒引起猪的各种临床综合征的总称，其症状多种多样，如腹泻、肺炎、心肌炎、心包炎、流产、死产、产木乃伊胎、不孕症等。

【流行特点】 康复猪和隐性感染猪是本病的主要传染源。病毒主要存在于肠管，经粪便排出后，污染饲料、饮水，再经消化道和呼吸道感染易感猪，尤其是幼仔猪易感性最强。

【临床症状】 在同一个猪群中可能存在几个血清型，不同毒株可引起不同的临床类型。

①繁殖障碍型 多发生于刚引进的母猪群，妊娠猪于妊娠15天时被感染，胎儿多被吸收，产仔减少；于妊娠30～45天时感染，胎儿死亡率为20%～50%，死亡胎儿呈腐败、木乃伊状态或新鲜尸体，有些新生仔猪表现畸形和水肿，虚弱的仔猪多在5天内死亡。

②下痢型 表现轻微腹泻。

③肺炎型 表现呼吸加快、咳嗽、打喷嚏、食欲减少、精神沉郁等。

④心肌炎和心包炎型 往往出现突然死亡。

【病理变化】

①繁殖障碍型 死胎猪的皮下和肠系膜（尤其是大肠系膜）水肿，胸腔和心包积水，脑膜和肾皮质可见小出血点。

②下痢型 无特征性病变。

③肺炎型 肺尖叶、心叶和中间叶有灰红色实变区，肺泡和支气管内有渗出液。

④心肌炎和心包炎型 严重者心肌坏死，有浆液性、纤维素性心包炎变化。

【诊　断】 根据流行特点和临床症状的多样化，新引进母猪窝发性繁殖障碍，4～5 周龄仔猪发病率高等特点，可做出初步诊断，确诊需靠实验室病毒分离鉴定、血清学试验、动物接种试验等。

【类症鉴别】

①与猪流行性乙型脑炎的鉴别　猪肠道病毒感染的繁殖障碍型与猪流行性乙型脑炎均表现产死胎、木乃伊胎。不同点是：猪流行性乙型脑炎发生在蚊、蝇孳生的季节，临床表现体温升高，有神经症状。而猪肠道病毒感染的母猪、后备猪不出现临床症状。

②与猪伪狂犬病的鉴别　猪肠道病毒感染的繁殖障碍型与猪伪狂犬病均表现产死胎、木乃伊胎。不同点是：猪伪狂犬病病猪体温升高，1 周龄内仔猪发病率高，有神经症状。

③与猪轮状病毒病的鉴别　猪肠道病毒感染的下痢型与猪轮状病毒病均表现腹泻症状。不同点是：猪轮状病毒的感染率高达 90%～100%，仔猪出现呕吐症状。

【预防措施】 目前尚无预防用疫苗和有效的治疗药物。

三、猪细菌病的诊治

54. 怎样诊治仔猪黄痢？

仔猪黄痢是由致病性大肠杆菌引起的初生仔猪以排黄色稀便为主要特征的一种急性、高度致死性常见肠道传染病。其发病特征为剧烈腹泻、排黄色或黄白色液状粪便，迅速死亡。

【流行特点】 7日龄以内的仔猪，尤其是1～3日龄仔猪发病率高。7日龄以上很少发病，如果发病后用药不当或不及时用药可造成大批死亡，出生后24小时内发病者死亡率更高。随着日龄增大，发病率和死亡率减少，环境条件恶化可加速发病。带菌猪是主要传染源，致病性大肠杆菌不但血清型很多，而且各血清型之间交互免疫力不强。

【临床症状】 一窝仔猪出生后虽然体质健壮，看不到明显症状，但12小时后突然死亡1～2头。随后同窝其他仔猪相继腹泻，排出黄色、黄白色、灰黄色带气泡的水样稀便，具腥臭味。病猪肛门发红松弛，粪便沾污尾根、会阴、后肢。捕捉时鸣叫挣扎，排粪失禁，粪便从肛门自行流出。停止吃奶，极度消瘦，口渴喜饮，机体脱水，眼窝下陷，皮肤失去弹性，最终因心力衰竭、虚脱、昏迷而死亡。

【病理变化】 病死仔猪脱水、消瘦、肌肉苍白，颈部、腹下水肿，胃内充满凝乳块，胃黏膜和浆膜充血、出血、水肿，肠腔充满黄色或黄白色带腥臭味的内容物，肠系膜淋巴结充血、肿大、切面多汁。心脏、肝脏、肾脏表面有坏死灶。

【诊　断】 根据仔猪发病日龄、排黄色稀便、发病率和死亡率高的特点，可做出初步诊断，确诊需靠实验室检查。

【类症鉴别】

①与仔猪白痢的鉴别　两者均表现腹泻症状。不同点是：仔猪白痢以10～30日龄的仔猪多发，7日龄以内和30日龄以上仔猪很少发病。病猪排出乳白色、灰白色或黄白色具有腥臭味的浆糊状粪便，很少引起死亡。而仔猪黄痢以7日龄以内，尤其是1～3日龄仔猪为主要发病者，排出黄色、黄白色、灰黄色带气泡的水样稀便，发病率和死亡率均高。

②与仔猪红痢的鉴别　两者均表现有腹泻的症状。不同点是：仔猪红痢病猪排出的粪便中带有血液，呈红褐色，并含有坏死组织碎片，病死猪腹胀。

③与仔猪副伤寒的鉴别　两者均表现腹泻症状。不同点是：仔猪副伤寒多发生于2～4月龄的仔猪，粪便中混有血液、伪膜，肠道有糠麸样病变，注射过仔猪副伤寒疫苗的猪很少发病。

【预防措施】 黄痢多价灭活苗（使用当地菌株制备的灭活苗效果更好）于产前15～20天给妊娠猪每头肌内注射5毫升，也可使用$K_{88}K_{99}$基因工程苗或多价基因工程苗（按说明书使用）；口服3～5毫升多价菌毛抗原，封闭小肠黏膜上皮细胞上的抗原结合位点，使病原菌不再吸附于肠黏膜上皮细胞，同样可达到预防仔猪黄痢的目的。

加强饲养管理，母猪产仔前2天或产仔结束时用0.3%高锰酸钾溶液将猪圈彻底消毒1次，也可在母猪配种后和产前10天肌内注射0.1%亚硒酸钠注射液5毫升。

【治疗方法】 硫酸卡那霉素，每次50万单位，或诺氟沙星0.2克，肌内注射，每日3次，连用2天。复方氯化钠注射液 25 毫升、50 %葡萄糖注射液 20 毫升、5%碳酸氢钠注射液 10 毫升、维生素 C 1 克,混合后,取 10 毫升口服或腹腔注射,每日 2 次。新生仔猪在未吃初乳前口服 0.5～1 毫升大肠杆菌培养物或内服调痢生 50 毫克/千克体重,还可在产后 12 小时用新霉素、止痢灵、泻痢停做预防。

55. 怎样诊治仔猪白痢?

仔猪白痢是仔猪在吮乳期内由致病性大肠杆菌引起的一种以排泄乳白色或灰白色带有臭味的浆状、糊状粪便为特征的腹泻病。

【流行特点】 本病发生于 10～30 日龄仔猪,7 日龄以内和 30 日龄以上很少发病。饲养管理不良,卫生条件差,气温剧变的冬、春季,阴雨连绵,保温不好及母猪乳汁缺乏时发病较多。往往一窝仔猪中只要有 1 头发病,其余的仔猪会同时或相继发病。

【临床症状】 病猪突然发生腹泻,排乳白色、灰白色或黄白色浆糊状粪便,具有腥臭味,腹泻次数不等,严重的每小时数次。病猪弓背,行动缓慢,被毛粗糙无光,体表不洁,食欲下降。病程长短不一,长的 1 周,短的 2～3 天,多数能自然康复,一般很少引起死亡。

【病理变化】 结肠内容物呈浆状、糊状、油状,并呈现乳白色或灰白色,常有部分黏附于黏膜上而不易被擦掉。肠壁变薄,肠系膜淋巴结轻度肿胀,小肠内容物无明显变化,含有气泡,肠黏膜表现卡他性炎症。

【诊　断】 根据 10～30 日龄仔猪发病,排乳白色或灰白色的浆糊状粪便,而死亡率不高的特点可以做出初步诊断,确诊需靠实验室检验。

【类症鉴别】

①与仔猪黄痢的鉴别　两者均表现突然腹泻。不同点是:仔猪黄痢的发病以1～3日龄内的仔猪多见,7日龄以上仔猪很少发病,粪便呈黄色,内含凝乳块,剖检胃内充满凝乳块,肠内充满黄色稀薄内容物。而仔猪白痢发生于10～30日龄的仔猪,7日龄以内和30日龄以上仔猪很少发病,胃与小肠内充满灰白色液体。

②与仔猪红痢的鉴别　两者均表现突然腹泻,排糊状粪便。不同点是:仔猪红痢多发生于1～3日龄仔猪,粪便呈红色,剖检空肠内充满红色液体。

③与猪传染性胃肠炎的鉴别　两者均表现仔猪体温升高,出生后不久腹泻,剖检胃内有凝乳块。不同点是:猪传染性胃肠炎发病初期病猪表现呕吐,排水样、白色或绿色具腥臭或恶臭味的粪便,育成猪、母猪也感染发病。

④与猪流行性腹泻的鉴别　两者均表现精神沉郁、腹泻等症状。不同点是:流行性腹泻是各种日龄的猪都出现腹泻,发病初期先排软便,后排水样稀便,剖检胃内充满凝乳块,小肠膨胀并充满黄色液体。

【预防措施】 目前国内外研究的有仔猪白痢全菌苗、纯化菌毛黏着素和遗传工程活菌苗,前两种菌苗用于妊娠猪肌内注射,后一种菌苗用于2～4日龄仔猪或妊娠猪口服。

加强饲养管理,注意保温和环境干燥,提早补料以减少发病。

【治疗方法】 新霉素,10～15毫克/千克体重,口服,每日2次,连用2～3天。黄连素、土霉素、磺胺脒、泻痢停、痢必净等用于治疗本病也有一定的效果,口服活的嗜酸性乳酸菌有较好的预防效果,鞣酸蛋白、活性炭对本病的康复有一定作用。

56. 怎样诊治仔猪水肿?

仔猪水肿是由溶血性大肠杆菌引起保育仔猪的一种肠毒血症,也叫小猪摇摆症,是以胃肠水肿、断奶猪全身或局部麻痹、共济失调、眼睑水肿及发生神经症状为主要特征的疾病。

【流行特点】 本病一般发生于断奶后的仔猪,发病虽然无明显季节性,但以春、秋季多发,气候骤变,阴雨潮湿,蛋白质饲料过剩,粗饲料、微量元素、维生素缺乏是导致发病的主要原因。

【临床症状】 发病初期常见不到任何症状就突然死亡,发病缓慢的病猪精神沉郁,食欲不振,体温正常,步态不稳,短时间兴奋、肌肉震颤、叫声嘶哑。随着病情的发展,病猪前肢跪地,后肢直立,盲目冲撞,做圆圈运动。捕捉时十分敏感,触之惊叫,突然倒地,四肢乱弹,呈游泳姿势,口流泡沫。后期反应迟钝,呼吸困难,眼睑水肿,最后倒地死亡。

【病理变化】 病猪上下眼睑、颜面、下颌、头顶部皮下水肿,切开水肿部内容物呈灰白色凉粉样胶状物,流出少量白色或黄白色液体。胃底部水肿最明显,将胃底切开,肌层与黏膜层之间有透明或茶红色胶冻样水肿液流出。肠系膜水肿,空肠臌气。全身淋巴结充血、出血、水肿,肺脏水肿,心脏、胸腔、腹腔内积液,呈无色或淡黄色,暴露于空气后很快凝固成胶冻样。

【诊　断】 根据发病前体质健壮、体温不高、眼睑水肿和神经症状,最后突然倒地死亡等可做出初步诊断,进一步确诊需靠实验室检验。

【类症鉴别】

①与猪瘟的鉴别　两者均表现精神沉郁、眼睑水肿,有神

经症状等。不同点是:猪瘟病猪体温升高,可发生于任何日龄的猪。而水肿病多发生于断奶后的仔猪,无体温反应。

②与猪硒缺乏症的鉴别　两者均表现精神沉郁,食欲不振,体温不高,眼睑水肿,多发于2月龄体质健康的小猪。但患硒缺乏症的病猪临床表现昏迷、卧地不起,剖检四肢、躯干部肌肉颜色变淡,可见灰白色条纹状坏死灶。

③与猪营养不良性水肿的鉴别　两者均表现精神沉郁,全身尤其是眼部水肿等症状。不同点是:营养不良性水肿不表现神经症状,任何日龄的猪都可发病,多半是由于饲料中蛋白质缺乏或乳汁摄入量不足所引起。

【预防措施】　采用本场分离的致病菌株,制备灭活苗用于本病的预防可能取得一定的免疫效果。

加强饲养管理,保持圈舍清洁,定期消毒,提早补料,饲料应多样化,仔猪出生后投喂土霉素,妊娠猪产前15天肌内注射亚硒酸钠注射液,断奶前内服促菌生,每日每头2克,连用7天。

【治疗方法】　病仔猪饲料中加入盐类泻剂,连用2天后内服新霉素、卡那霉素。静脉注射15%～25%甘露醇注射液100～250毫升、10%葡萄糖注射液25毫升、维生素C 1克,肌内注射20%安钠咖注射液2毫升、0.1%亚硒酸钠-维生素E注射液2毫升,每日2次,连用1～2天。

57. 怎样诊治猪梭菌性肠炎?

梭菌性肠炎又称猪传染性坏死性肠炎,若发生于仔猪则称为仔猪红痢,是由C型魏氏梭菌引起猪的一种高度致死性肠毒血症。以发病猪病程短和病死率高为其主要特征。

【流行特点】　本病主要侵害1～3日龄新生仔猪,其他日龄的猪也可发生。病猪排血样稀便、肠坏死。肥育猪、成年猪膘情虽然很好，但仍可发生猝死。一般呈散发，病猪和带菌猪是主要传染源。

【临床症状】 最急性型和急性型比较常见。急性型病猪临床表现精神不振，食欲减退，行走不稳、摇晃，体温不高或略有升高，腹泻，排红色液状稀便，有特殊腥臭味，内含灰色坏死组织碎片，呈急性死亡；亚急性型病猪排黄色软便，呈米粥状。

【病理变化】 最具特征性病变的部位是空肠和肠系膜，腹腔有多量樱桃红色积液，空肠可见黑红色和土黄色坏死性肠炎病灶，肠内充满血样液体和气体，并含有坏死的组织碎片。肠系膜可见大小不一的气泡。心包液增多，心外膜有出血点。脾脏边缘、肾脏表面、膀胱黏膜有小点出血，肝脏、肺脏、十二指肠无明显变化。亚急性型病猪肠道出血不严重，肠壁厚、无弹性，内壁附着一层灰黄色坏死性伪膜。

【诊 断】 根据发病快、病程短，病死率高，体质健壮的猪也会发生，可做出初步诊断，确诊需靠实验室细菌学检验、动物试验(泡沫肝试验)和中和试验等。

【类症鉴别】

①与猪传染性胃肠炎的鉴别 两者均多发于 10 日龄仔猪，临床上表现腹泻。不同点是：猪传染性胃肠炎大、小猪均可感染，并且蔓延很快，但一般只有小猪发生死亡。而猪梭菌性肠炎属散发，无论大、小猪一旦发病，都会导致急性死亡。

②与仔猪黄痢的鉴别 两者均表现腹泻，仔猪的发病率和死亡率都很高。不同点是：仔猪黄痢发生于 1～7 日龄仔猪，同窝仔猪几乎全部发病，母猪表现健康，不出现临床症状。而猪梭菌性肠炎无论大、小猪发病时死亡率都很高，成年猪多呈散在发生。

③与仔猪白痢的鉴别　两者均是仔猪突然发生腹泻，排浆状、糊状粪便。不同点是：仔猪白痢多发生于10～30日龄，病猪排白色稀便，具有特殊腥臭味，剖检肠壁菲薄，肠内容物空虚，可见大量气体和少量酸臭的乳白色或灰白色粪便。

④与猪流行性腹泻的鉴别　两者均表现腹泻、10日龄内仔猪多发等特点。不同点是：猪流行性腹泻仔猪症状严重，死亡率高，育成猪发病后症状轻微，死亡少，仔猪死亡后剖检，胃内可见黄白色凝乳块，小肠充满黄色液体，肠壁变薄。

【预防措施】　目前采用仔猪红痢氢氧化铝灭活苗（本场分离菌株效果好）进行免疫预防，有一定的效果。

加强饲养管理，对猪舍、场地、环境做好清洁卫生和消毒工作。

【治疗方法】　注射梭菌性肠炎高免血清10～20毫升，早期还可口服青霉素、链霉素各6万单位/千克体重，每日2次，连服3天。口服螺旋霉素20～100毫克/千克体重，每日1次，连用3天，也有较好的治疗效果。

58. 怎样诊治仔猪副伤寒？

仔猪副伤寒是由沙门氏菌引起仔猪的一种急性、热性传染病，其发病特征为病猪呈败血症和坏死性肠炎症状，有时发生脑炎、脑膜炎、卡他性或干酪性肺炎。

【流行特点】　本病虽然一年四季均可发病，但以春初、秋末气候多变季节多发。一般发生于2～4月龄仔猪，6月龄以上或1月龄以下的猪很少发病。病猪和健康带菌猪是主要传染源，当饲养管理不善、卫生条件差、气候突变等因素使猪只抵抗力降低时即可诱发本病。

【临床症状】　本病可分为急性型（败血型）和慢性型（坏

死性肠炎型)2种类型。前者多见于断奶前后的仔猪，病猪体温升高至41℃～42℃，精神沉郁，食欲废绝，不愿行动，呼吸困难，腹泻，呕吐，耳根、胸前和腹下呈现暗红色或紫色斑块，多以死亡而告终。后者通常以腹泻为主要特征，病猪食欲降低，饮欲增加，粪便呈粥状，或排出灰白色或黄绿色恶臭水样粪便，有时混有血液和坏死组织碎片，最后由于持续腹泻、日见消瘦而导致衰竭死亡。

【病理变化】 急性型(败血型)可见耳、腹、四肢内侧皮肤有出血斑点，各脏器的浆膜、喉头、膀胱黏膜和肾脏均有出血点，脾脏肿大、边缘钝圆呈特征性的蓝色。淋巴结肿大出血，胃肠黏膜呈卡他性炎症。慢性型(坏死性肠炎型)病死猪尸体消瘦，盲肠、结肠黏膜呈局灶性或弥漫性增厚，被覆有灰黄色干酪样伪膜(俗称糠麸样病变)，除去伪膜形成溃疡，溃疡边缘多无堤状隆起。脾脏稍肿大，肝脏有时可见黄灰色坏死小点，肺脏有慢性卡他性炎症，并含有黄色干酪样结节。

【诊　断】 根据流行特点、临床症状、病理变化可做出初步诊断，由于本病易与猪瘟和猪链球菌病相混淆，所以要确诊需进行病原学和血清学检验。

【类症鉴别】

①**与败血型猪瘟的鉴别**　两者均表现体温升高，皮肤出现紫红色斑点。不同点是：败血型猪瘟脾脏虽不肿大，但有的病猪表现脾边缘梗死，皮肤有明显出血点、出血性红斑和坏死，会厌黏膜和泌尿系统黏膜常见出血点，淋巴结呈大理石样病变。而急性型仔猪副伤寒脾脏肿胀、坚实，多为增生性肿大，皮肤无明显变化，会厌黏膜和泌尿系统黏膜少见出血点，淋巴结呈髓样肿。

②**与肠型猪瘟的鉴别**　两者均表现先腹泻后便秘，剖检

盲结肠有溃疡面。不同点是:肠型猪瘟大肠表面可见纽扣状肿,中心凹陷或隆起,呈同心轮状,脾脏不肿大,但有梗死灶,淋巴结周边出血,似大理石样外观,会厌黏膜和泌尿系统黏膜常见出血点。而慢性型仔猪副伤寒大肠表面平坦、不隆起,肉眼可见糠麸样伪膜,脾脏肿胀、坚实,皮肤的薄皮处有痂样湿疹,会厌黏膜和泌尿系统黏膜少见出血点。

③与猪肺疫的鉴别　两者均表现体温升高,腹泻,皮肤可见出血斑。不同点是:猪肺疫可发生于各种年龄的猪,并以肺炎症状为特征。而仔猪副伤寒只有2～4月龄的育成猪敏感,以顽固性腹泻为特征。

④与猪痢疾的鉴别　两者均表现体温升高,腹泻,粪便中可见带有血色的黏液。不同点是:猪痢疾病猪发病时间长,体质瘦弱,常见弓背,粪便呈黑红色或带有血块。

【预防措施】　接种仔猪副伤寒弱毒冻干苗和多价仔猪副伤寒灭活苗,对本病的预防效果较好。

加强饲养管理,自繁自养,切断传播途径,消除传染源。坚持注射疫苗,注意消毒,正确处理尸体和病猪排泄物,防止污染环境。

【治疗方法】　早期治疗,连续服药,定期更换药物,以免出现耐药菌株。庆大霉素或新霉素,每日5～15毫克/千克体重,分2次口服,连用3～5天。氟哌酸也有一定疗效。如能对分离的菌株做药敏试验,选择对菌株敏感的药物治疗效果更好。

59. 怎样诊治猪链球菌病?

猪链球菌病是由A群、C群、D群、H群、E群、L群、R群链球菌引起猪的多种疾病的总称。其发病特征为病猪发生急性败血症、脑膜炎和关节炎。

【流行特点】 虽不同年龄的猪都可感染发病，但以新生仔猪、哺乳仔猪的发病率及死亡率为最高，50 千克以下育成猪、妊娠猪对败血性链球菌也比较敏感，成年猪发病率较低。病原菌既可通过伤口感染，也可通过呼吸道感染。

【临床症状】 病猪精神沉郁，食欲废绝，高热稽留，耳根、腹下、四肢内侧皮肤呈暗红色，并有出血点，便秘、腹泻，少数病猪步态蹒跚、转圈、共济失调，四肢呈游泳状划动，口吐白沫，突然倒地，最后衰竭麻痹死亡。急性不死的病猪转为亚急性型或慢性型，体温时高时低，一肢或几肢关节肿大，病程几天至 1 个月。

【病理变化】 急性败血型死亡的病猪，尸体营养良好或中等，胸部、腹下和四肢内侧皮肤可见紫红斑或暗红色出血点，皮下、皮内脂肪可见出血点。血液凝固不良，心包液增多呈淡黄色，心耳、心外膜及冠状沟脂肪常见出血点。多数脾脏肿大，呈暗红色或紫蓝色，较易脆裂。肾脏充血，被膜下与切面上有时可见小出血点或出血斑。胃肠呈不同程度的充血、出血。脑切面可见针尖大出血点。慢性关节炎病猪关节、皮下有胶样水肿，严重者关节周围化脓坏死，关节粗糙，内含黏液，有时流出淡黄色液体或脓液，内含干酪样黄白色块状物。

【诊　断】 根据流行特点、临床症状和病理变化可做出初步诊断，必要时取病猪脏器做细菌培养与鉴定。

【类症鉴别】

①与猪瘟的鉴别　两者均表现体温升高，精神委靡和皮肤红斑。不同点是：猪瘟的病原为病毒，呈稽留热，其典型剖检病变为肾脏有贫血性出血点，淋巴结周边出血，盲结口处可见纽扣状溃疡，药物治疗无效。而猪链球菌病的病原为细菌，

病猪腹泻，剖检全身淋巴结肿大出血，肾脏表现充血性出血点，肺脏呈化脓性支气管炎病变，抗菌药物（林可霉素）治疗有效。

②与猪李氏杆菌病的鉴别　两者均表现体温升高，运动失调，后肢麻痹和神经症状。不同点是：猪李氏杆菌病皮肤不见红色斑，发病猪多呈现脑膜炎症状，如头颈后仰、四肢张开呈现观星姿势等，剖检脑膜充血水肿，肝脏、脾脏肿大，表面有灰白色坏死灶。涂片染色镜检可见革兰氏阳性杆菌。而猪链球菌病病猪腹泻，除脑膜炎型出现神经症状外，慢性病猪多数表现关节炎，剖检肾脏有充血性出血点，病变组织或培养物涂片染色镜检可见革兰氏阳性链状球菌。

③与猪丹毒的鉴别　两者均表现体温升高，精神委靡，慢性型病猪关节肿胀、出现跛行等症状。不同点是：急性猪丹毒病猪皮肤发红，卧地不起，疹块型可见圆形、菱形高出周边皮肤的红色、紫红色疹块，剖检脾脏肿大呈樱桃红色，肾脏淤血、肿大，呈暗红色。脏器和疹块液涂片染色镜检可见革兰氏阳性细长杆菌。而猪链球菌病病猪有神经症状，也有关节炎症状，剖检肾脏有充血性出血点，革兰氏染色涂片镜检可见链状的阳性球菌。

④与猪弓形虫病的鉴别　两者均表现体温升高，精神沉郁和皮肤红斑。不同点是：猪弓形虫病病猪皮肤的红斑与周围皮肤界限明显，肺脏表面有出血点，切面有泡沫样液体，肺门淋巴结肿大 2～3 倍，并可见粟粒大灰白色坏死灶，如将肺脏、肺门淋巴结涂片染色镜检可见半月形的弓形虫。

【预防措施】　口服或注射猪链球菌弱毒苗，健康断奶猪、成年猪每头肌内注射 1 毫升或口服 4 毫升，口服时注意拌入凉水或饲料中饲喂，口服前停食、停水 3～4 小时。疫苗稀释后限在 4 小时内用完，用苗前后 10 天最好不要使用抗菌药物。猪链球菌氢氧化铝灭活苗仔猪、成年猪、妊娠猪均可使用，每头肌内注射 3～5 毫升，免疫期 6 个月。由于猪链球菌血清型比较多，各型之间交互免疫能力不强，故使用当地分离菌株制备疫苗预防效果较好。

加强饲养管理，搞好圈舍消毒，做好日常检疫，以防本病的传入。

【治疗方法】 原则是早用药，用足药，用药敏试验效果好的药物。试验证明，青霉素每次用 200 万单位，每日 2 次，连用 3～5 天，或用青霉素 200 万单位、20% 磺胺嘧啶钠注射液 10～20 毫升、益生冰点 5～10 毫升、维生素 C 注射液 5～10 毫升分别肌内注射，连用 2 天，效果较好。另外，新霉素、强力霉素、先锋霉素等均有较好的治疗效果。肌内注射林可霉素治疗效果更佳，剂量为 5～10 毫克/千克体重，每日 1 次，连用 3～4 天。

60. 怎样诊治猪接触性传染性胸膜肺炎？

猪接触性传染性胸膜肺炎是由胸膜肺炎放线杆菌（原称副溶血嗜血杆菌）引起猪的一种急性呼吸道传染病，以急性出血性纤维素性胸膜炎和慢性纤维性坏死性胸膜炎为特征。

【流行特点】 致病菌主要存在于病猪的呼吸道内，现已发现鉴定有 12 个血清型，虽然不同品种、不同性别的猪都具有易感性，但以 3 月龄仔猪最易感，常呈散发性流行和跳跃式传播，发病率和死亡率差异很大，急性型大多以死亡而告终，慢性型常能耐过，引入的带菌猪或慢性感染猪是本病的主要传染源。

【临床症状】

①最急性型　常无先兆而突然死亡。

②急性败血型　体温升高至 41℃～42℃，病猪呼吸急促，呼吸极为困难，张口伸舌，表现痛苦，呈犬坐姿势和明显的腹式呼吸，口、鼻流出大量血水样渗出物，食欲减退，几天后耳、鼻、腿、体侧皮肤发紫，临死前鼻中流出带血的泡沫状液体。

③亚急性型和慢性型　一般不发热，有不同程度的间歇性咳嗽，食欲不振，耐过者生长迟缓。

【病理变化】　皮肤和黏膜发绀，血液呈黑红色，凝固不良，腹腔内可见淡红色渗出液及纤维素性渗出凝块，心外膜有白色絮状物覆盖，心脏横径增大近似圆形，心包膜内有奶酪样渗出物，心外膜与心脏粘连在一起，形成纤维素性心包炎，心包积液，心外膜上的纤维素性附着物似一根根绒毛。病猪出现肝周炎后，腹水量增多，肝脏与脾脏、胃肠发生粘连后，继发腹膜炎。肺脏严重淤血、出血，呈暗红色或紫红色，切面呈现肝变，表面有一薄层灰白色纤维素性分泌物与胸壁粘连。急性肺炎呈双侧性，肺叶上有界限清晰的肺炎区，肺门淋巴结肿大、出血，气管出血。胸壁内侧表面覆盖一层黄白色网状物与心包发生粘连，不易分离。膈叶肺炎区变暗、变硬，与正常组织界限清晰，有时肺膈叶上可见散在的局灶性灰白色化脓灶。右肺局部增厚，呈乳白色，变硬的肺炎区横切面布满大小不等的白色包囊结节，结缔组织囊壁较厚，囊内充满坏死组织和石灰样钙化物。此外，全身淋巴结肿大，色暗红，切面呈大理石样病变，肾脏、十二指肠有出血点，回盲口附近有轮层状纽扣状溃疡。

【诊　断】　根据传播迅速，体温高达 41.5℃，严重呼吸困难，口、鼻流出淡红色泡沫样液体，死亡率高，突然死亡，死后剖检发现特征性纤维素性坏死性肺炎、纤维素性胸膜炎以及肺炎的两侧性，肺脏的心叶、尖叶和膈叶呈紫色，切面似肝样，可做出初步诊断。

【类症鉴别】

①与猪肺疫的鉴别　两者均表现呼吸道症状。不同点是：猪肺疫多呈散发，病猪咽喉部肿胀，呼吸困难，常呈犬坐姿势，剖检可见败血症和纤维素性炎症变化。而猪接触性传染性胸膜肺炎发病突然，传播快，病猪呼吸困难，死亡率高，剖检可见肺脏和胸膜有特征性的纤维素性坏死和出血性肺炎，有时纤维素附着于肺脏表面，转为慢性时，肺脏表面纤维素附着物与胸膜粘连。

②与猪气喘病的鉴别　两者均表现呼吸道症状。不同点是：猪气喘病传播慢、病程长、无体温反应，病猪反复咳嗽和气喘，病死率不高，剖检肺脏表现融合性支气管肺炎，心叶、尖叶和膈叶呈肉样实变。而猪接触性传染性胸膜肺炎发病突然，传播快，病猪呼吸困难，死亡率高，剖检胸膜与肺脏有纤维素粘连。

③与猪链球菌病的鉴别　两者均表现体温升高，呼吸困难。不同点是：猪链球菌病病猪高热稽留，耳根、腹下、四肢内侧皮肤呈暗红色，有出血点，便秘，腹泻，少数病猪步态蹒跚、转圈、共济失调，四肢呈游泳状划动，口吐白沫，突然倒地，最后衰竭麻痹死亡，剖检全身淋巴结肿大出血，肾脏肿大充血，胸、腹腔有多量积液，慢性型病猪关节肿大，内有液体或脓液。而接触性传染性胸膜肺炎病猪呼吸急促，张口伸舌，表现痛苦，呈犬坐姿势，口、鼻流出大量血水样渗出物，剖检肺呈现纤维素性坏死和出血性肺炎。

④与猪瘟的鉴别　两者均表现体温升高，食欲废绝，呼吸

困难。不同点是：猪瘟病猪喜钻垫料，后躯软弱，有神经症状，剖检回盲瓣可见纽扣状溃疡，脾脏可见梗死灶。

【预防措施】 猪传染性胸膜肺炎灭活苗用于免疫虽然有一定的效果，但由于病原血清型多（12 个，目前国内已发现 3～4 个），各型之间无交叉保护能力，故采用本地菌株制备疫苗免疫效果比较好。

加强饲养管理，搞好圈舍消毒，提高猪群基础免疫力，做好日常检疫，早发现、早控制。

【治疗方法】 卡那霉素，10～15 毫克/千克体重，肌内注射，每日 2 次，连用 2～3 天；庆大霉素，2～4 毫克/千克体重，肌内注射，每日 2 次，连用 3 天；强力霉素，3～5 毫克/千克体重，肌内注射，每日 1 次，连用 3 天。另外，青霉素、增效磺胺甲基异嗯唑、红霉素、新霉素也有一定疗效。近期资料报道，注射林可霉素和特效米先，配合口服氧氟沙星，效果比较明显。另外，饲料中添加强力霉素或环丙沙星效果也比较明显。土霉素、红霉素，尤其是氧氟沙星、恩诺沙星拌料投喂有一定的预防效果。

61. 怎样诊治猪副嗜血杆菌病？

猪副嗜血杆菌病又称格拉瑟氏病，常在运输疲劳、捕捉等应激因素作用下，使猪只抵抗力降低而引发猪副嗜血杆菌感染，故也称猪的运输病。由于病猪多处脏器呈现纤维素沉着，所以又称为纤维素性浆膜炎、关节炎、胸膜炎和心包炎，现已成为影响全球养猪业的典型细菌性疾病。

【流行特点】 猪副嗜血杆菌只感染猪，主要侵害断奶前后的仔猪，其他日龄的猪也可能感染，所引起的病变呈多发性。

【临床症状】 病猪发热，食欲不振、厌食，反应迟钝，呼吸困难，腕关节、跗关节肿大、跛行，全身颤抖，共济失调，可视黏膜发绀，随之侧卧死亡。急性感染猪的后遗症是母猪流产，公猪慢性跛行。病猪消瘦，咳嗽，呼吸困难，跛行和被毛粗乱是本病的主要症状。

【病理变化】 腕关节和(或)跗关节发生浆液性或脓性关节炎，关节腔有胶冻样渗出物，肺脏表面附着灰白色纤维素性粘连物，肺脏表面和胸壁上有大量纤维素性渗出物。

【诊　断】 根据病史、临床症状和病理变化，结合细菌培养鉴定可做出初步诊断，由于猪副嗜血杆菌娇嫩，培养很难成功，不少学者认为其真实发病率为报道的10倍之多。

【类症鉴别】 猪副嗜血杆菌病与猪接触性传染性胸膜肺炎临床症状非常相似，极易混淆，其鉴别要点如下：猪接触性传染性胸膜肺炎发病急，病猪呼吸急促，表现痛苦，呈明显的腹式呼吸和犬坐姿势，口、鼻流出大量血水样渗出物。而猪副嗜血杆菌病以咳嗽、呼吸困难、消瘦、跛行和被毛粗乱为主要特征，剖检心包和心外膜有大量纤维素性渗出物，胸腔、心包腔、腹腔呈多发性浆膜炎。

【预防措施】 猪副嗜血杆菌病灭活苗可以控制猪副嗜血杆菌病的发生，但本病血清型多，缺乏交叉保护能力，故有时可能造成免疫失败，由于1周龄前仔猪鼻黏膜上可能有猪副嗜血杆菌的寄生，故早期断奶也不可能消除本病。

加强饲养管理，注意环境的清洁卫生，尽量减少或消除各种应激因素的存在。

【治疗方法】 大剂量抗菌药物治疗，或同时使用抗菌药物和磺胺增效剂，效果较好。

62. 怎样诊治猪丹毒？

猪丹毒是由猪丹毒杆菌引起猪的一种急性、热性传染病。其发病特征为：急性型呈败血症经过，亚急性型在皮肤上出现特异性疹块，慢性型则表现非化脓性关节炎和疣状的心内膜炎。

【流行特点】 本病潜伏期为3～5天，发病虽无明显季节性，但以夏、秋季节发生较多。不同年龄的猪均可感染，但以3～12个月的育成猪发病率高，哺乳仔猪和老龄猪很少发生。病猪、带菌猪是主要传染源，可通过污染的饲料、土壤，经消化道或损伤的皮肤感染，一般呈散发或地方性流行。

【临床症状】

①急性败血型 开始发病时，1～2头猪往往无任何症状突然死亡，随后其他猪体温升高至42℃以上，食欲废绝，行走摇摆，呼吸困难，黏膜发绀，发病几天后，胸部、腹部、四肢内侧及耳部皮肤出现大小不等的红斑，指压褪色，病末期心脏衰弱、体温下降，最后虚脱死亡。

②亚急性型 在皮肤上发生大小不等、形状不一的紫红色疹块，俗称打火印。

③慢性型 大多由急性型、亚急性型转变而来，主要临床症状为关节炎和心内膜炎。

【病理变化】 急性病死猪皮肤充血，呈弥漫性红色。脾脏充血、肿大、柔软，呈暗红褐色。肾脏呈黄褐色或暗红色，充血、肿大。肝脏淤血、呈棕红色。胃、十二指肠、空肠黏膜肿胀，大肠无明显变化。亚急性病死猪除有特征性的皮肤疹块外，脾脏、肾脏也表现败血型变化。皮肤充血，呈弥漫性红色。脾脏充血、肿大、柔软，呈暗红褐色。慢性病死猪关节肿大，关节腔内可见淡黄色液体增多，关节囊增厚，关节变形。心内膜炎型常见二尖瓣形成颗粒状增生物，外观似菜花样。

【诊　断】 根据流行特点、临床症状、病理变化不难确诊，必要时进行细菌学或其他实验室检查。

【类症鉴别】

①与急性猪瘟的鉴别　两者均表现体温升高，皮肤表面有出血斑点等症状。不同点是：猪瘟不分年龄、季节长年发病，病初便秘，后腹泻或便秘与腹泻交替发生，剖检淋巴结潮红，切面呈大理石样外观，脾脏不肿大，但边缘可见出血性梗死。而猪丹毒常发生于晚秋季节，6 月龄育成猪多发，脾脏肿大，呈樱桃红色。

②与猪肺疫的鉴别　两者均表现体温升高，皮肤表面有出血斑点等症状。不同点是：猪肺疫病猪咽喉部和颈部肿胀，呼吸困难，呈犬坐姿势。剖检咽喉黏膜下组织有大量淡黄色透明状液体。而猪丹毒病猪常表现败血症，精神高度沉郁，不食不饮，高热稽留，亚急性型病猪的皮肤出现特征性疹块，慢性型病猪常见疣性心内膜炎和浆液性纤维素性关节炎。

③与猪败血性链球菌病的鉴别　两者均表现体温升高，皮肤表面有出血性斑点等症状。不同点是：猪败血性链球菌病各种年龄的猪均可发病，尤其是新生仔猪和哺乳仔猪发病率和死亡率更高，眼结膜潮红，有浆性鼻液，剖检各器官充血、出血，尤其肾脏可看到充血性出血点。

【预防措施】 猪丹毒常发地区要定期进行免疫注射，常用疫苗有以下几种。

猪丹毒氢氧化铝甲醛灭活苗：体重 10 千克以上的断奶猪一律皮下注射 5 毫升，接种后 21 天产生免疫力，免疫期 6 个月，每年春、秋季各注射 1 次，注苗后仅在注射部位留有枣大的硬结，无其他不良反应。

猪丹毒 GC42 弱毒苗和 G_4T 弱毒苗：系冻干苗，使用时用 20%铝胶盐水稀释，每毫升含 7 亿个细菌，大、小猪一律皮下注射 1 毫升，接种后 7 天产生免疫力，免疫期 6 个月。如口服每头 2 毫升，含菌 14 亿个，免疫期 6 个月。此疫苗的优点是安全性、稳定性和免疫原性均好，使用剂量小，产生免疫力较快。缺点是疫苗保存期短，稀释后必须在 6 小时内用完，否则菌体死亡，影响免疫效果。

猪丹毒、猪肺疫氢氧化铝二联苗：断奶仔猪和成年猪皮下注射 5 毫升，注射后 2 周产生免疫力，免疫期 6 个月。

猪瘟、猪丹毒、猪肺疫三联苗：每头猪皮下注射 1 毫升，猪瘟免疫期 1 年，猪丹毒、猪肺疫免疫期各为 6 个月。

加强饲养管理，猪场发生猪丹毒时，要加强消毒，隔离病猪，对同圈猪和同舍猪尽快投入预防性用药，一般在饲料中添加土霉素和庆大霉素等抗生素。

【治疗方法】 青霉素治疗有良好的疗效，每千克体重 1 万～3 万单位，肌内注射，每日 2～3 次，当临床症状消失后，继续用药 2～3 次，否则容易复发。也可用土霉素盐酸盐，每千克体重 0.02～0.04 克，溶于 5%葡萄糖注射液中肌内注射。也可用抗猪丹毒血清进行紧急治疗，剂量为仔猪每头肌内注射 5～10 毫升，3～10 月龄猪每头肌内注射 30～50 毫升，成年猪每头肌内注射 50～70 毫升，隔日再注射 1 次，如能与抗生素配合使用疗效更佳。

63. 怎样诊治猪肺疫？

猪肺疫又称猪巴氏杆菌病，是由巴氏杆菌引起猪的一种急性、热性、败血性传染病。急性型以败血症、炎性出血和胸膜肺炎为特征，畜、禽和野生动物均可感染发病。

【流行特点】 潜伏期为1～5天，发病无明显季节性，以气候多变、忽冷忽热、高温高湿季节多发。虽然各种年龄的猪均易感染，但以小猪和育成猪的发病率较高。病猪和健康带菌猪是主要传染源，病原体通过病猪的分泌物和排泄物等污染周围环境，通过消化道和呼吸道使易感猪发病。本病一般呈散发性或地方性流行。

【临床症状】 本病按病程可分为最急性型、急性型、慢性型3种类型。

①最急性型 病程1～2天，呈败血症变化，常突然死亡。病程稍长的可见体温升高至41℃以上，拒食，呼吸困难，可视黏膜发绀，皮肤出现紫红斑，咽喉部肿胀，发热坚硬，俗称锁喉风，口、鼻流出泡沫，伸颈张口呼吸，呈犬坐姿势，最后窒息死亡。

②急性型 病初体温升高至40℃～41℃，呼吸困难，先干咳后湿咳，可视黏膜呈蓝紫色，有鼻液和脓性眼分泌物，先便秘后腹泻，呈犬坐姿势，触诊胸部疼痛，后期皮肤有紫红色斑或小点出血。

③慢性型 主要表现持续性咳嗽与呼吸困难，鼻流黏液性分泌物，精神沉郁，食欲减退，渐进性消瘦，有时关节肿胀，皮肤发生湿疹，病程在2周以上，多半因衰竭而死亡。

【病理变化】

①最急性型 可见浆膜、黏膜点状出血，咽喉部及周围组织可见出血性浆液性炎症，皮下组织有多量淡黄色胶冻样水肿液。全身淋巴结肿大，切面呈一致红色。肺脏充血、水肿，可见红色肝变区。

②急性型 除败血性变化外，还表现纤维素性肺炎，胸膜

上常见纤维素性附着物，甚至与胸膜粘连。肺脏有大小不等的肝变区，切开肝变区切面呈大理石样。

③慢性型　肺组织肝变区较大，并有大块坏死灶或化脓灶，有的坏死灶周围形成结缔组织包囊与胸膜粘连。

【诊　断】　根据流行特点、临床症状和病理变化可做出初步诊断，确诊需做实验室检验。

【类症鉴别】

①与败血型猪丹毒的鉴别　两者均表现精神沉郁、皮肤变色等症状。不同点是：猪丹毒有类似于最急性型猪肺疫的败血性症状，但无猪肺疫那种咽喉部肿大和呼吸困难的表现。猪丹毒肾脏淤血肿大，呈暗红色，脾脏肿大，呈樱桃红色。

②与急性咽喉型炭疽的鉴别　两者均表现体温升高、精神沉郁、呼吸困难、咽喉部肿胀等症状。不同点是：咽喉型炭疽主要侵害颌下、咽喉和颈前淋巴结，肺部没有明显的炎症病变。涂片染色镜检可见到带荚膜的大杆菌，而猪肺疫可见两极浓染的球形短小杆菌。

③与猪接触性传染性胸膜肺炎的鉴别　两者均表现体温升高、精神沉郁、呼吸困难、皮肤变色等症状。不同点是：猪接触性传染性胸膜肺炎的病变局限于呼吸系统，肺脏肝变区呈一致的紫红色。而猪肺疫肺炎区常有红色肝变和灰色肝变混合存在。涂片染色镜检，猪肺疫病原为两极浓染的巴氏杆菌，猪接触性传染性胸膜肺炎的病原为球杆状的放线杆菌。

④与猪气喘病的鉴别　两者均表现精神沉郁、呼吸困难等症状。不同点是：猪气喘病主要表现咳嗽和气喘，体温不高，全身症状轻微，肺炎病变呈胰样或肉样，界限明显，两侧肺叶病变基本对称，无坏死或化脓趋向。

⑤与猪弓形虫病的鉴别　两者均表现体温升高、呼吸困

难、皮肤可见紫红色斑点等症状。不同点是：猪弓形虫病皮肤上所发生的紫红色斑与健康皮肤界限明显，剖检肺脏表面可见有出血点，切面流出泡沫样液体，肠系膜淋巴结肿胀如绳索状，切面多汁，可见粟粒大的灰白色病灶。回盲口有浅溃疡面。如将肺脏、肺门淋巴结涂片染色可见半月形的弓形虫。

⑥与猪流行性感冒的鉴别　两者均表现体温升高、呼吸急促、痉挛性咳嗽等症状。不同点是：猪流行性感冒多发生于冬季，发病迅速，传播快，往往在几天内可感染全群，病猪肌肉强硬，发病率高，病死率低，虽有鼻液流出，但无咽喉部肿胀。

【预防措施】　预防猪肺疫的疫苗有3种：一是内蒙系猪肺疫弱毒苗，大、小猪一律拌料口服3亿个活菌，7天后产生免疫力，免疫期为10个月；二是猪肺疫EO-630弱毒苗，肌内或皮下注射1毫升，免疫期6个月；三是猪肺疫A型弱毒苗，也具有较好的免疫效果。此外，还有猪瘟、猪肺疫二联苗，猪瘟、猪丹毒、猪肺疫三联苗等，各地可根据本场实际情况选用适宜疫苗于仔猪断奶时或春、秋季2次进行免疫。

加强饲养管理，改善猪的饲养管理和环境卫生条件，消除可能降低抗病力的因素，防止过热、过冷、拥挤、潮湿、饲料突变等，圈舍定期消毒。

【治疗方法】　发现病猪及早治疗，目前有许多药物可用于本病的治疗，如庆大霉素、四环素、青霉素、环丙沙星、恩诺沙星、磺胺类药物等。由于巴氏杆菌容易产生耐药性，如果使用某种抗生素后疗效不明显，可立即更换药物或做药敏试验选择敏感药物。若与猪肺疫抗血清同时使用治疗效果更加可靠。

64. 怎样诊治猪炭疽？

炭疽是由炭疽杆菌引起的人兽共患急性、热性、败血性传染病，以草食兽最敏感，猪对本病有较强的抵抗力，大多呈隐性或慢性经过，缺乏明显的临床症状，往往在屠宰检疫时才能发现。

【流行特点】 主要传染源是病畜或病畜尸体血液、脏器、分泌物和排泄物等。上述脏器中含有大量菌体，当菌体芽孢污染饲料后，可经消化道感染。本病常呈地方性流行，尤其是在炎热多雨的夏季更容易发生。

【临床症状】 病猪体温升高，精神沉郁，声音嘶哑，颈部活动不灵，严重时呼吸困难，可视黏膜发绀，咽喉部明显肿大。肠型炭疽也可能发生呕吐、腹泻或便秘，粪便带血。

【病理变化】 病死猪有明显的咽炎，咽喉部可见黄色胶样浸润，颈下淋巴结肿大、出血、坏死，切面干燥无光泽，呈砖红色，扁桃体肿大坏死。肠型炭疽多局限于小肠，呈现出血性肠炎和出血性淋巴结炎。急性败血型炭疽发生比较少，可见尸僵不全、腹胀，血液呈煤焦油色、凝固不良，全身各部位广泛性出血。

【诊　断】 由于猪炭疽多呈慢性、隐性经过，所以诊断比较困难，一般靠细菌学和血清学诊断。

【类症鉴别】

①与猪肺疫的鉴别　两者均表现咽喉部肿胀。不同点是：急性猪肺疫发病快，颈下咽喉水肿，切开颈部皮肤可见胶冻样淡黄色纤维素性浆液，呼吸极度困难，口、鼻流出泡沫样黏液，剖检脾脏不肿大，肺脏有不同程度的肝变区，切面呈大理石样外观。而猪炭疽一般发病慢，下颌淋巴结肿大，切面呈

砖红色或红棕色，脾脏肿大，血液似煤焦油样。血液涂片染色镜检，可发现具有荚膜的单个、成双或呈短链排列的革兰氏阳性粗大杆菌。

②*与仔猪水肿病的鉴别*　两者均表现头、颈、胸部水肿症状。不同点是：猪水肿病发生于膘情好的断奶猪，表现眼睑和头部皮下水肿，剪开水肿的胃壁可见到黄色胶冻样液体流出。而猪炭疽可发生于任何日龄，脾脏肿大，胃壁不肿大，也不会流出黄色胶冻样液体，只是血液似煤焦油样。

③*与猪痢疾的鉴别*　肠型猪肺疫与猪痢疾均表现肠系膜淋巴结肿大，粪便夹杂血液。不同点是：猪痢疾病程长，粪便中含有血液，剖检肠道肿胀，肠腔充满黏液和血液，病猪多因消瘦衰竭而死。而肠型炭疽病猪常表现呕吐、便秘和腹泻，剖检肠黏膜肿胀、坏死、变厚。

④*与猪败血性链球菌病的鉴别*　两者均表现体温升高、呼吸困难、血液不易凝固等症状。不同点是：猪败血性链球菌病病猪耳根、腹下、四肢内侧皮肤呈暗红色并有出血点，少数病猪步态蹒跚、转圈、共济失调，四肢呈游泳状划动，口吐白沫，突然倒地，最后衰竭麻痹死亡。

【预防措施】　每年采用无毒炭疽芽孢苗和Ⅱ号炭疽芽孢苗定期进行炭疽疫苗预防接种，前者于耳根或后腿内侧皮下注射0.5毫升，注苗后14天产生免疫力，免疫期1年。后者可在耳根或股内侧皮下注射1毫升，皮内注射0.2毫升，14天产生免疫力，免疫期1年。对于体弱、体温升高、年龄小于1月龄的仔猪及产前2个月的母猪均不能注苗。发病地区可以一侧皮下注射炭疽芽孢苗，另一侧皮下注射抗血清。

发生炭疽病时应迅速查明疫情，划定疫区进行封锁，对病猪应立即隔离治疗，粪便、垫料应焚烧，被污染的土壤应用漂白粉消毒后，铲除15厘米并垫以新土。

【治疗方法】 抗炭疽血清为治疗炭疽病的特效生物制剂，早期治疗效果较好，常在治疗后6小时发热下降，12小时后完全康复。小猪每头注射30～50毫升，成年猪注射50～80毫升。青霉素、链霉素、土霉素、磺胺类药物等对炭疽病也有很好的疗效，如果将几种抗菌药物合用或抗菌药物与抗炭疽血清共用，治疗效果更为显著。青霉素10000～30000单位/千克体重，每6小时注射1次，连用3天。链霉素10～20毫克/千克体重，每日注射1～2次，连用3天。

65. 怎样诊治猪布鲁氏菌病?

布鲁氏菌病是由布鲁氏菌引起人和多种动物共患的一种传染病，猪布鲁氏菌病的发病特点是母猪流产和公猪发生睾丸炎。

【流行特点】 猪不分品种和年龄对布鲁氏菌都有易感性，通常呈地方性流行。病初少数公猪出现睾丸炎，然后大批母猪流产，也有许多病猪很长时间不会妊娠，一般持续1～2年。在自然病例中，除猪外，羊和牛都有易感性。病猪和带菌动物是本病的主要传染源，既可通过消化道黏膜、交配感染，也可通过皮肤伤口感染。母猪在流产期间，布鲁氏菌随流产胎儿、胎水、胎衣排出体外，污染地面、饲料、饮水、垫料及外界环境。猪对猪型布鲁氏菌易感性最高，对羊型布鲁氏菌也有感染性，对牛型布鲁氏菌的感染性低。6～7月龄及以上的猪感染性强，通常在性成熟之后感染猪才出现症状，一般认为公猪和母猪发病率高，妊娠猪尤其是第一胎母猪发病率更高。去势后的肥育猪感染率低。饲养管理不善，机体抵抗力降低时很容易发生感染。

【临床症状】 第一胎妊娠猪感染布鲁氏菌易发生流产，最早在妊娠2～3周，最晚在接近分娩期流产，以妊娠1～3个月流产者为多见。早期流产时母猪可将胎儿胎衣吃掉，不易发现。母猪流产时表现精神沉郁，阴唇和乳房肿胀，阴道流出黏液性或脓性分泌物，流产后个别胎衣滞留。有的母猪虽然体温正常，没有显著流产征兆，但可产下死胎，并从阴道中排出黄白色带恶臭的脓性分泌物，同时出现子宫炎，母猪不孕。有的母猪流产后表现腹泻，乳房水肿，精神差，食欲减退。多数母猪流产后转为隐性，照常配种妊娠产仔。公猪发生睾丸炎和附睾炎，单侧或双侧睾丸肿大，触之有痛感，久之导致睾丸和附睾萎缩，失去繁殖能力。还有的病猪两后肢或一后肢跛行、瘫痪，发生关节炎和皮下组织脓肿。

【病理变化】 公猪睾丸、附睾和贮精囊呈现化脓性炎症病灶，睾丸显著肿大，切面可见坏死病灶和脓肿。母猪子宫黏膜有粟粒大的灰黄色小结节，胎膜上可见大量出血点，表面覆盖一层灰黄色渗出物。如果胎儿死亡，就会出现败血症变化，肘、膝、肩胛等处关节囊肿大，发炎和化脓。睾丸淋巴结、乳房淋巴结肿胀，切面多汁，有脓肿和灰黄色坏死病灶。肝脏、脾脏、肺脏也可表现脓肿和坏死性病灶。

【诊　断】 猪群中妊娠猪大批流产，公猪出现睾丸炎，有的猪发生关节炎和跛行症状时，应怀疑猪群中是否有布鲁氏菌感染。如需确诊要进行血清学和变态反应检查。

【类症鉴别】

①与猪衣原体病的鉴别　两者均表现妊娠猪流产和产死胎、公猪睾丸炎等症状。不同点是：衣原体病的病原为衣原体，病猪一般体温不高，临床上可见到肺炎、脑炎、多发性关节炎，剖检肺部肿大，子宫内膜充血水肿，并有坏死灶。而布鲁

氏菌病的病原体是布鲁氏菌，流产多发生于受胎3个月的妊娠猪，产后胎衣常滞留不下，剖检子宫黏膜呈现化脓性病灶，也可见小米粒大的灰黄色结节。

②与猪流行性乙型脑炎的鉴别　两者均表现体温升高，母猪流产、产死胎，公猪睾丸炎。不同点是：猪流行性乙型脑炎常常在夏、秋季节突然发生，病猪体温升高，高热稽留，有乱冲乱撞的神经症状。公猪睾丸肿胀，常呈一侧性。剖检脑和脊髓充血、水肿。而猪布鲁氏菌病多发生于春、秋两季，不表现神经症状，剖检四肢皮下脓肿。

③与猪伪狂犬病的鉴别　两者均表现体温升高，母猪流产、产死胎，公猪睾丸炎。不同点是：伪狂犬病仔猪表现咳嗽，流鼻液，呼吸困难，口吐白沫，腹泻，运动失调，抽搐，有神经症状，最后昏迷衰竭死亡。而猪布鲁氏菌病只表现关节炎症状，不表现呼吸道和神经症状。

④与猪细小病毒病的鉴别　两者均表现母猪流产、产死胎的症状。不同点是：猪细小病毒病多发生于头胎母猪，一般体温不高，除母猪流产外，无其他任何临床表现。

⑤与猪弓形虫病的鉴别　两者均表现体温升高和母猪流产。不同点是：弓形虫病病猪呈高热稽留，呼吸困难，耳、鼻端出现淤血斑，肺实质中有小米粒大的白色坏死灶，磺胺类药物治疗有一定的效果。如将肺脏、肺门淋巴结涂片染色，可见半月形的弓形虫。

【预防措施】　布鲁氏菌猪型二号弱毒冻干苗，免疫期1年，可采用皮下注射、口服、饮水、气雾等方法免疫。

加强饲养管理，坚持自繁自养，不从疫区购买畜产品和饲料，猪群中出现阳性病猪时，应定期对全群检疫，淘汰所有阳性猪，并对污染和可能污染的运动场、圈舍进行消毒。必须引进种猪时，应严格检疫，隔离观察，确定为阴性猪方可合群饲养。

【治疗方法】 患病猪一般不予治疗，应尽早淘汰，以消灭传染源。

66. 怎样诊治猪传染性萎缩性鼻炎？

猪传染性萎缩性鼻炎是由支气管败血波氏杆菌引起猪的一种以鼻甲骨萎缩、颜面部变形或歪斜、病猪生长缓慢为特征的慢性传染病。

【流行特点】 病猪和带菌猪是主要传染源，由空气飞沫经呼吸道感染，本病在猪群中传播较慢，多为散发。虽然各种品种、年龄的猪均有易感性，但以长白猪和2～5月龄的育成猪易感性最强。

【临床症状】 体温正常，发病初期表现打喷嚏、打鼾、吸气困难，鼻孔流出少量清鼻液或黏性脓液。由于鼻腔遭受刺激，病猪不安、摇头、拱地、摩擦鼻部，有时可发生鼻出血。随着病情加重，鼻甲骨开始萎缩，颜面部变形，鼻歪斜，鼻腔长度缩短，上颌骨变形，门齿咬合不正。断奶前感染的猪常表现鼻甲骨萎缩，断奶后感染的猪不出现或仅表现轻微鼻甲骨萎缩。3～4日龄的仔猪表现呼吸困难，剧烈咳嗽，极度消瘦，整窝仔猪发病死亡，而产仔母猪不表现任何临床症状。

【病理变化】 鼻腔软骨、鼻甲骨软化并萎缩，特别是下鼻甲骨的下卷曲最常见，严重时鼻甲骨消失，鼻中隔弯曲，鼻腔成为一个鼻道。鼻腔内有大量黏液脓性或干酪样渗出物。病变转移到筛骨时，除去筛骨前面的骨性障碍后，可见大量的黏性或脓性渗出物积聚。

【诊　断】 根据临床症状、病理变化不难做出诊断，最后确诊需靠实验室细菌分离、血清学检验和动物试验。

【类症鉴别】

①与猪传染性坏死性鼻炎的鉴别　两者均多发生于仔猪，以鼻腔流出脓性鼻液为特征。不同点是：猪传染性坏死性鼻炎的病原体为坏死杆菌，主要发生于外伤之后，引起软组织和骨组织的坏死，腐臭并形成溃烂或瘘管，从而导致呼吸困难。

②与猪普通鼻炎的鉴别　两者均表现打喷嚏、流鼻液等症状。不同点是：普通鼻炎不出现鼻盘上翘和歪鼻、歪嘴现象，剖检也看不见鼻甲骨萎缩。

③与猪骨软症的鉴别　两者均表现鼻腔肿大。不同点是：猪骨软症虽表现鼻部肿大变形、骨质疏松，但鼻甲骨不萎缩，也不表现打喷嚏和流眼泪的临床症状。

【预防措施】　猪传染性萎缩性鼻炎灭活苗，分为 100 毫升/瓶和 20 毫升/瓶 2 种，使用时每头猪每次皮下或肌内注射 2 毫升。

加强饲养管理，注意消毒，不从疫区引猪，即使从非疫区引进猪时，也需要隔离检查，证实无病方可合群。对发病猪场严格检疫，淘汰有症状的病猪和可疑猪。对断奶仔猪采取全进全出的饲养模式，避免刚断奶仔猪与已断奶仔猪及成年猪接触，培育健康猪群。

【治疗方法】　大多数菌株对卡那霉素、庆大霉素、新霉素敏感，发病时可鼻腔注入 1%～2%硼酸溶液或 0.1%高锰酸钾溶液，也可用 1%盐酸金霉素溶液冲洗鼻道，同时给病猪肌内注射链霉素，1 月龄仔猪注射 10 万单位，4 月龄仔猪注射 15 万单位，每日 2 次，连用 3 天。给初生仔猪注射猪传染性萎缩性鼻炎高免疫血清，可起到一定的治疗作用和预防效果。

67. 怎样诊治猪结核病？

结核病是由结核分枝杆菌引起人和多种家畜、家禽及野生动物共患的一种慢性传染病。猪结核病以渐进性消瘦、组织器官内形成结核结节和干酪样钙化坏死灶为临床特征。

【流行特点】 对猪致病的结核杆菌有人型、牛型和禽型3个型。牛结核病流行地区，常由结核病病牛传染猪，人型结核杆菌常通过泔水而感染猪，猪、鸡、牛混养可大大增加猪的感染机会，常经过消化道、呼吸道和损伤的皮肤黏膜而感染。猪结核病一般呈散发性流行，发病率和死亡率不高。

【临床症状】 结核病病猪一般生前不表现明显临床症状，只有发病严重的病猪才表现消瘦、咳嗽、气喘。

【病理变化】 咽部、颈部和肠系膜可形成拇指至拳头大的淋巴结核，不热不痛，表面凹凸不平，并与周围皮肤黏膜粘连，硬结化脓，破溃后长期排出脓液和干酪样物质。发生肠结核时常导致病猪腹泻。一般见不到全身性结核，偶尔可在肝脏、肺脏等器官见到结核。剖检可见结核病灶坚实、隆起，呈灰色或灰黄色，中心呈干酪样坏死或钙化，与周围界限比较明显，而呈弥漫性增生者无明显干酪样坏死，周围界限也不明显。

【诊　断】 根据流行特点、病理变化可做出初步诊断，确诊需进行细菌学检查、动物试验及结核菌素变态反应检查。

【预防措施】 在实际生产中对猪结核病并不采取免疫预防和治疗的办法，而是对发病猪群多次检疫，及时淘汰阳性病猪，并对污染场地和用具用20%石灰水或20%漂白粉溶液彻底消毒。

宰后检验时注意检查咽部、颈部和肠系膜淋巴结，发现结核病变应将局部废弃深埋。猪群内发生结核病时，应查明原因，并采取相应措施。猪、牛、鸡分开饲养，开放性结核病病人不能从事养猪工作，更不能使用结核病医院的残羹喂猪。

68. 怎样诊治猪霉形体肺炎？

猪霉形体肺炎又称猪气喘病、猪喘气病，是由猪肺炎霉形体引起猪的一种接触性慢性呼吸道传染病。其发病特征是广泛性咳嗽和气喘，长期生长发育不良，饲料利用率低，死亡率不高。在新疫区发生流行时，由于饲养管理不良或有其他继发性病原体感染可造成严重死亡。

【流行特点】 本病一年四季均可发生，不同品种、年龄、性别的猪虽都有易感性，但以哺乳仔猪和幼猪发病较多，死亡率高，其次为妊娠后期和哺乳母猪。肥育猪和其他母猪以慢性和隐性感染为主，很少出现临床症状或死亡。新疫区猪群发病时，多呈现暴发性流行，病势凶猛，呈急性经过，发病率和病死率都很高。老疫区则表现为慢性，有的呈隐性经过。气候条件恶劣、猪的抵抗力降低时，可使隐性感染猪病情加重而出现临床症状。饲养管理和卫生条件是影响本病发生和发展的主要因素，尤其是饲料质量差、猪舍拥挤、阴暗潮湿、寒冷、通风不良和环境突变等均能诱发本病的发生。病猪和隐性感染猪为主要传染源，传播途径以呼吸道为主，病猪在咳嗽、气喘和打喷嚏时排出病原体，健康猪吸入含有病原体的飞沫而感染。病原体主要存在于病猪的呼吸道和肺内。病猪痊愈后半年至 1 年仍可排出病原，哺乳仔猪往往由于母猪排出病原而感染。肺炎霉形体对外界环境抵抗力不强，继发感染是引起发病猪死亡的重要原因，常见继发病原有巴氏杆菌、肺炎球菌、沙门氏菌、猪鼻霉形体和颗粒霉形体等。

【临床症状】

①急性型　常见于新疫区的病猪群，以仔猪、妊娠猪和哺乳猪多见。猪群突然发病，张口喘气，呼吸次数剧增，口、鼻流出泡沫，发出类似拉风箱的哮鸣声，咳嗽少而低沉，有时发生痉挛性阵咳，呈现犬坐姿势，腹式呼吸，病猪体温一般正常，当发生继发感染时体温升高，食欲减退或废绝，病程 3～5 天。

②慢性型　急性不死的转为慢性，长期咳嗽，以清晨或夜间、运动和采食后更为严重，咳嗽时病猪站立不动，弓背，颈伸直，头下垂，直到呼吸道中分泌物咳出咽下为止。随着病程延长，出现不同程度的呼吸困难，呼吸次数增加，多呈腹式呼吸，夜静时听到呼吸困难的鼻鼾声，症状时轻时重，病猪常流鼻液，眼有分泌物，可视黏膜发绀，食欲稍有减少，体温不高，病程长达 2～3 个月，甚至 6 个月以上。

③隐性型　病猪饲养管理条件较好时，不表现任何症状，偶见咳嗽和气喘，全身状况无明显变化，仍能照常肥育，但以 X 线检查或剖检可发现肺部有不同程度的肺炎变化。

【病理变化】　肺脏膨大，有不同程度的水肿和气肿，早期病变发生在肺尖叶和心叶上，从粟粒大至绿豆大逐渐扩展融合成多叶病变，即融合性支气管肺炎，肺脏呈淡灰色或灰红色半透明状。病变界限明显，似鲜嫩肌肉样，通常称肉变。病变部切面湿润致密，常从小支气管流出灰白色浑浊带泡沫的浆液或黏液。随着病程延长，病情加重时，病变部呈淡紫色或深紫红色，坚韧度增加，通常称为胰变或虾肉样变。恢复期病变逐渐消散，肺小叶间结缔组织增生硬化，肺脏表面下陷，周围肺组织膨胀不全。肺门和纵隔淋巴结肿大，呈灰白色，切面外翻湿润，边缘轻度充血。

【诊　断】　根据流行特点、临床症状、病理变化可做出初步诊断，进一步确诊还需进行实验室的细菌学和血清学检验。

【类症鉴别】

①与猪肺疫的鉴别　两者均表现气喘、咳嗽。不同点是：猪肺疫呈散发性或地方性流行，有明显的败血症变化，急性发病者很快死亡，剖检可见败血症病变和纤维素性肺炎，从病猪肺脏和心血中可分离到多杀性巴氏杆菌。

②与猪流行性感冒的鉴别　两者均表现体温升高，有呼吸道症状。不同点是：猪流行性感冒在临床上呈急性经过，突然暴发，迅速蔓延，病程短，发病率高，死亡率低，在短期发病后能够很快停息。

③与猪肺丝虫病和猪蛔虫病的鉴别　三者均有咳嗽症状。不同点是：猪肺丝虫病和猪蛔虫病经驱虫后咳嗽可逐渐消失，检查病变部和粪便时可发现虫卵和虫体。

【预防措施】　目前采用猪霉形体肺炎灭活苗免疫，仔猪、后备猪皮下或肌内注射 2～3 毫升，免疫期为 4～6 个月，疫区每 6 个月免疫 1 次。

自繁自养，杜绝病原进入，原则上不从外地引进猪只，必须引进种猪时，严格隔离检查 3 个月，用 X 线检查 2～3 次确认无本病方可混群。对于疫区或发病猪场，利用康复母猪或培育无特定病原猪，建立健康猪群。有价值的母猪经 1～2 个疗程治疗，确认无症状时方可进行配种，在隔离舍中产仔，如果观察到断奶后无临床症状，经 X 线检查证明为健康猪，可隔离饲养。

【治疗方法】　病原体对大观霉素、卡那霉素、土霉素、放线菌素 D、丝裂霉素 C 和呋喃妥因敏感，用卡那霉素和土霉素结合交替使用疗效较佳，剂量为卡那霉素 2 万～4 万单位/千克体重，每日 1 次，连用 3～5 天；土霉素 30 毫克/千克体重，每日2次，连用5～7天。实践证明，如能改善卫生条件，注意防寒保暖，增喂优质的青绿饲料，定期驱虫对提高药物疗效具有重要意义。

69. 怎样诊治猪衣原体病？

猪衣原体病是鹦鹉热衣原体引起猪的一种接触性传染病，人和其他动物也可感染。通常为隐性感染，在外界环境条件不利时发病，以流产、肺炎、脑炎、多发性关节炎为特征。

【流行特点】 各种年龄的猪均可感染，主要经呼吸道、消化道、生殖道感染。病猪和隐性感染猪是主要传染源，而禽类、鸟类、啮齿类、哺乳类等动物也可携带病原成为传染源。

【临床症状】 病猪的典型症状是妊娠猪流产、产死胎、产出无活力的弱仔，初产母猪流产率为40%～90%。种公猪感染时，基础母猪群也会大批发病，流产无先兆，很少有体温升高现象。公猪常发生睾丸炎、尿道炎。断奶仔猪易感，呈现稽留热，精神沉郁，皮肤震颤，后肢瘫痪，高度兴奋、尖叫，突然倒地，四肢呈游泳状划动，病死率在20%～60%。

【病理变化】 前期流产胎儿仅见带血色的皮下水肿，体腔渗出液增多，清亮呈红色。接近足月流产的胎儿，外表看来新鲜、洁净，皮下和肌肉有出血斑点，有不同程度的含血性水肿，尤以脐、腹股沟、鼻背和脑后更为严重。病死猪以肺部病灶为主，呈现不规则凸起，并连成片，质地坚硬，往往扩散到肺组织深部，病灶与健康肺组织界限明显。

【诊　断】 根据流行特点、临床症状、病理变化可做出初步诊断，确诊需做病变组织涂片镜检、间接血凝试验等。

【类症鉴别】

①与猪布鲁氏菌病的鉴别　两者均表现妊娠猪流产、产

死胎和公猪睾丸炎。不同点是：布鲁氏菌病多呈慢性发作，母猪阴门流出血色黏液，胎衣不滞留。用布鲁氏菌病试管或平板凝集试剂出现阳性反应。

②与猪细小病毒病的鉴别　两者均表现妊娠猪流产、产死胎。不同点是：细小病毒病发病时妊娠猪可以重新发情，食欲、饮欲正常，不表现其他任何临床症状，公猪不表现睾丸炎。

③与猪伪狂犬病的鉴别　两者均表现妊娠猪流产，产死胎、弱仔等。不同点是：患伪狂犬病的母猪发病时多呈一过性，很少引起死亡，新生仔猪刚出生时看起来似乎很健康，但1～2天后，突然发生昏迷、口吐白沫、四肢呈游泳状划动，呼吸困难，最后惊叫死亡。

④与猪繁殖与呼吸综合征的鉴别　两者均表现妊娠猪流产，产死胎、弱仔等症状。不同点是：患繁殖与呼吸综合征的妊娠猪体温升高，不食，呼吸困难，流产多发生于预产期的前1周或后1周，一般多产出死胎。

⑤与猪霉形体肺炎的鉴别　两者均表现肺炎症状。不同点是：猪霉形体肺炎母猪不发生流产，公猪不出现睾丸炎。而猪衣原体病则发生母猪流产和公猪睾丸炎。

【预防措施】　我国和世界上的一些国家，已将多价猪衣原体病油乳剂灭活苗应用于生产实践中，并取得了一定的免疫效果。

加强饲养管理，严格检疫制度，对病猪舍和场地彻底消毒，尸体要焚烧或深埋。

【治疗方法】　四环素、泰乐菌素、红霉素、螺旋霉素等抗菌药物在体外试验可以干扰衣原体的复制，作为治疗用药，四环素类药物为首选药物，但在早期需大剂量投药，以保持机体内有足够的血药浓度。

70. 怎样诊治猪痢疾？

猪痢疾俗称猪血痢，是由猪痢疾密螺旋体引起猪的一种危害严重的肠道传染病，临床上以黏液性或出血性下痢为发病特征。

【流行特点】 不同品种、年龄、性别的猪均可感染发病，最常发生于断奶后的育成猪，其发病率可达 90%，乳猪和成年猪较少发病，病猪和无症状带菌猪是主要传染源，应激因素（如气候变化、饥饿、拥挤、饲料改变）的存在可促使本病的发生和流行。

【临床症状】 病初排出黄色至灰色软便，体温升高至 40℃～40.5℃。当腹泻继续发展时，粪便中混有血液、黏液、纤维碎片，排泄物呈油脂样或胶冻状，粪便呈棕色、红色或黑红色。病猪弓背吊腹、饮欲增加、脱水，迅速消瘦死亡，病程 1～2 周，不死者转为慢性，临床表现为时轻时重的黏液性、出血性下痢，病猪生长发育受阻，常呈恶病质状态。

【病理变化】 急性病猪的典型病变为卡他性、出血性大肠炎，表现肠道肿胀，黏膜充血和出血，肠内容物稀薄，混有黏液和血液。亚急性和慢性病死猪呈现纤维素性、坏死性大肠炎，在肠黏膜表面形成伪膜，外观似麸皮和豆腐渣样，剥去伪膜露出浅表的糜烂面。在发病的各个时期，尤其是急性期，在黏膜表层和腺窝内可查到猪痢疾密螺旋体。

【诊　断】 根据流行特点、临床症状和病理变化比较容易做出初步诊断，必要时再做显微镜检查、荧光抗体试验和凝集试验等实验室检查。

【类症鉴别】

①与仔猪副伤寒的鉴别　两者均表现体温升高，粪便中

混有血液，大肠壁肥厚，黏膜坏死等症状。不同点是：仔猪副伤寒病猪的耳、胸、腹等部位出现紫红色斑点，剖检肝实质有糠麸样黄色坏死灶，脾脏肿大呈蓝色，肠系膜淋巴结如大理石样。

②与仔猪白痢的鉴别　两者均表现体温升高、腹泻等症状。不同点是：仔猪白痢排出乳白色、灰白色、黄白色具有腥臭味的糊状粪便，很少引起死亡。

③与仔猪黄痢的鉴别　两者均表现体温升高、腹泻等症状。不同点是：仔猪黄痢有时看不到明显的临床症状就突然死亡，病猪排出黄色、黄白色、灰黄色带气泡的水样稀便，具腥臭味，停止吃奶，极度消瘦，口渴喜饮，机体脱水，眼窝下陷，皮肤失去弹性，最终因心力衰竭、虚脱、昏迷而死亡。

④与猪传染性胃肠炎的鉴别　两者均表现体温升高，排带血具腥臭味的粪便。不同点是：猪传染性胃肠炎多发生于冬季，哺乳仔猪死亡率很高，育成猪和肥育猪虽出现腹泻，但很少引起死亡，剖检肠壁呈半透明状。

⑤与猪流行性腹泻的鉴别　两者均表现厌食、腹泻等症状。不同点是：猪流行性腹泻多发生于冬季，哺乳仔猪的发病率和死亡率都很高，育成猪所表现的症状比较轻，成年猪除发生呕吐外不表现其他临床症状。

【预防措施】　至今国内外尚未研制出预防本病的有效疫苗，但经过急性感染而不经药物治疗的康复猪可以抵抗猪痢疾密螺旋体的攻击。

坚持自繁自养，加强卫生消毒，严禁从疫区引进种猪，必须引种时要隔离检疫。平时应加强饲养管理，及时清扫栏圈，始终保持猪舍清洁干燥。搞好卫生消毒和粪便管理，杜绝病原传入。

【治疗方法】 控制本病最常用的抗菌药物有以下几种：四环素类药物，每吨饲料中加入 100～200 克，连喂 3～5 天；36％硫酸新霉素预混剂，每吨饲料中加入 300 克，连喂 3～5 天，停药 20 天；杆菌肽，4 月龄以下猪每吨饲料中加入 4～40 克，连喂 21 天。上述各种药物减半使用可作预防用。

71. 怎样诊治猪李氏杆菌病？

李氏杆菌病是由李氏杆菌引起畜、禽、鼠及人共患的传染病。猪李氏杆菌病的发病特征是发病率低，病死率高，发病猪临床上可见到典型的神经症状。

【流行特点】 病原菌对环境条件抵抗力虽然很强，但常见的消毒剂能很快将其杀死。一般多发于哺乳仔猪及断奶不久的保育猪，通常呈散发。由于具有广泛的易感动物群体，因此传染源也比较多，尤其是带菌鼠类在疾病传播中常起重要作用。

【临床症状】 临床上可分为败血型和脑膜脑炎型，一般常见的是两者的混合型。发病后多数病猪表现兴奋不安，运动失调，肌肉震颤，无目的地运动。有的病猪头颈后仰，四肢张开呈观星姿势。有的后肢麻痹，拖地不能站立。有的阵发性痉挛，侧卧，四肢乱划呈游泳状。病初体温升高至 41℃～42℃，食欲减退，粪干尿少，发病后期体温降至常温或常温以下。

【病理变化】 有神经症状的病猪，脑及脑膜充血、水肿，脑脊液增加，稍浑浊，内含较多细胞，脑干变软有小脓灶，组织学检查可见严重的单核细胞浸润。出现败血症变化的病猪，肺脏充血、水肿，气管、支气管常有泡沫样液体，肝脏可见灰白色小坏死灶，心肌柔软，心内、外膜有出血点，肠系膜淋巴结肿大。

【诊　断】 根据流行特点、临床症状、病理变化可做出初步诊断,确诊需靠实验室细菌学检查、血清凝集试验、补体结合试验、直接免疫荧光试验以及酶联免疫吸附试验等。

【鉴别诊断】

①与猪伪狂犬病的鉴别　两者均表现有神经症状。不同点是:猪伪狂犬病可侵害各种家畜及野生动物;妊娠猪感染后常发生流产,产死胎、木乃伊胎或弱仔猪;仔猪感染后,发病率和死亡率极高,取病猪脑、脾等病料处理后接种家兔,在家兔接种部位表现奇痒并且引起死亡。

②与猪传染性脑脊髓炎的鉴别　两者均表现神经症状。不同点是:猪传染性脑脊髓炎仅发生于猪,新疫区呈全群暴发。病猪神经过敏,如遇触动或突然响声,常引发尖叫,肌肉痉挛,角弓反张。病理组织学检查可见神经细胞质内有嗜酸性包涵体,取病料涂片染色镜检虽然看不到细菌,但病料感染仔猪时会引起仔猪发病死亡。

③与猪血凝性脑脊髓炎的鉴别　两者均表现神经症状。不同点是:猪血凝性脑脊髓炎一般是由于引入新的种猪后发病,在侵害猪群中的一窝或几窝乳猪之后,本病即会自然停止流行,病猪先表现呕吐、便秘、嗜睡症状,后出现神经症状,体温一般不高。

④与猪链球菌病的鉴别　两者均表现神经症状。不同点是:链球菌病病猪除表现神经症状外,还常见到颌下淋巴结脓肿和多发性关节炎。

【预防措施】 目前尚未研究出可靠有效的疫苗,故对本病还不能进行免疫预防。加强饲养管理,搞好环境卫生,粪便应及时处理;消灭猪舍附近的鼠类;隔离病猪,处理病死猪尸体;污染的猪舍、用具、水源可用2%氢氧化钠溶液或5%漂白粉溶液消毒处理。

【治疗方法】 早期大剂量应用磺胺类药物或与其他抗菌药物(如青霉素、四环素、庆大霉素)联合应用,可能会取得较好的疗效,当病猪高度兴奋不安时内服镇静剂水合氯醛,可取得一定疗效。

72. 怎样诊治猪坏死杆菌病?

猪坏死杆菌病是由坏死杆菌引起猪的一种慢性传染病,多以皮下和消化道黏膜坏死、严重的内脏形成转移性坏死灶为特征。坏死杆菌广泛存在于自然界,如饲养场、土壤、动物消化道黏膜等。

【流行特点】 主要传染源为病畜,禽类和哺乳动物都可感染,感染途径是损伤的皮肤和黏膜。在多雨、潮湿、拥挤和卫生条件低劣的情况下容易发病。主要发生于仔猪和育成猪,呈散发性或地方性流行,猪以坏死性皮炎为多见。

【临床症状】 在病猪颈部、胸侧、臀部等皮下脂肪较多的皮肤间或耳根与四肢下部的皮肤处,可见小而凸起的丘疹,上面覆盖易于剥离的痂皮,痂皮下组织迅速坏死溃烂,皮下形成很大的囊状溃烂区,流出大量灰黄色液体,具有特殊臭味,随后皮肤发生溃烂,病情严重时病变深入肌层,甚至穿透腹壁,形成瘘管,潜伏期 1~3 天,长的可达 2 周。感染后导致的坏死性口炎常见于仔猪,临床上表现唇、齿龈和腭部黏膜发生溃疡,上面覆盖坏死组织。表现坏死性肠炎时,常与仔猪副伤寒并发。

【病理变化】 病死猪剖检可见大肠、小肠黏膜坏死,形成白色伪膜,伪膜下为不规则的溃疡,此外还表现坏死性鼻炎,有时可能继发传染性萎缩性鼻炎。

【诊　断】 根据流行特点、临床症状、坏死组织的病理变化可做出初步诊断，确诊需靠实验室细菌学检查和动物试验。

【类症鉴别】

①与肠炎型仔猪副伤寒的鉴别　本病的坏死性肠炎型与肠炎型仔猪副伤寒均表现消瘦、排血便。不同点是：肠炎型仔猪副伤寒病猪表现体温升高，先便秘后腹泻，尤其是在阴雨潮湿、圈舍拥挤的恶劣环境条件下多发。而猪坏死杆菌病的坏死性肠炎型常与仔猪副伤寒、猪瘟并发或继发，临床上表现严重腹泻，粪便中带有血液且呈现恶臭。取坏死病料涂片染色镜检，可见着色不匀的长形菌或细长杆菌。

②与猪口蹄疫的鉴别　本病的坏死性口炎型与猪口蹄疫均表现食欲不振、体温升高、口流涎。不同点是：猪口蹄疫传播快，除口腔有炎症和溃疡外，蹄部、母猪乳头都可能发生水疱和溃疡。

【预防措施】 可用猪坏死杆菌病甲醛灭活苗和超声波猪坏死杆菌病菌体裂解物进行人工免疫。

猪舍保持清洁卫生、干燥，定期消毒，防止潮湿与拥挤；避免皮肤和黏膜损伤，饲料中不要缺乏矿物质和维生素。一旦发现皮肤外伤，及时用5%碘酊消毒，预防感染。发现病猪应及时隔离，给予合理治疗。

【治疗方法】 早期治疗时，彻底消除局部坏死组织，先用0.1%高锰酸钾溶液冲洗，而后给患部涂搽消炎软膏，再配合全身治疗，如肌内或静脉注射磺胺类药物、四环素、土霉素、金霉素、螺旋霉素等，有良好效果，既可控制继发感染，又可控制病情的发展。如能配合对症治疗，如强心、解毒、补液，则可提高治愈率。

73. 怎样诊治猪棒状杆菌病？

猪棒状杆菌病是母猪的一种泌尿生殖系统疾病，其发病特征是尿道、膀胱和肾脏发生纤维素性、化脓性炎症。

【流行特点】 猪对棒状杆菌的易感性较强，主要发生于母猪，多呈散在流行。病菌存在于公猪的包皮内，母猪可能因配种时尿道口擦伤而被感染。

【临床症状】 母猪通常在配种后或分娩后1～3周出现症状，发病较轻的猪，可见外阴部流出脓性分泌物或排血尿，重症病猪则频频排出带脓液的血尿，有时还表现不食、口渴、消瘦等症状。

【病理变化】 膀胱与输尿管黏膜有出血性和纤维素性、化脓性炎症变化，肾脏表面可见黄色或弥漫性黄色病灶，突出于表面。

【诊　断】 根据特征性的临床症状和病理变化可做出初步诊断，确诊需靠实验室细菌学检验和动物试验。

【预防措施】 目前对本病尚无有效疫苗可以使用，但用抗菌药物预防可收到较好的效果。

加强饲养管理，尽量减少应激因素的存在。由于本病治愈后常会复发，所以应坚决淘汰可疑公猪。

【治疗方法】 发现病猪及时隔离，对已经感染尚未出现临床症状的母猪进行治疗，用青霉素及其他广谱抗生素紧急预防可获得良好的效果。

74. 怎样诊治猪土拉杆菌病？

土拉杆菌病是由土拉费朗西斯菌引起人兽共患的一种急性传染病。猪土拉杆菌病的主要特征是病猪体温升高、淋巴结肿大和发生支气管肺炎，但发病率和病死率均不高。

【流行特点】 土拉杆菌的抵抗力较强，在尸体中可存活90多天，60℃经5～20分钟方可杀死，3%来苏儿溶液、3%石炭酸溶液以及其他常用消毒药均可很快将其杀死。野兔和野生啮齿动物是土拉杆菌的自然储存宿主和主要传染源，通过蜱、蚊吸血将病菌传播给家畜和人。此外，被病菌污染的饲料和饮水亦可经消化道传播本病。虽然各种家畜均可能感染发病，但以绵羊，尤其是羔羊发病较为严重，仔猪发病较多，成年猪多呈隐性感染。由于春末夏初是野生啮齿动物和体外寄生虫繁殖季节，所以也是本病的高发时期。

【临床症状】 仔猪患病后，精神沉郁，食欲减退，体温升高至41℃以上，机体衰弱，呼吸困难，呈现腹式呼吸，有时表现咳嗽，病程7～10天，多数病猪能够耐过，死亡率较低，潜伏期1～3天。

【病理变化】 病猪颌下、腮腺淋巴结及其他体表淋巴结肿大、化脓，出现支气管肺炎、胸膜炎和肝脏实质变性。

【诊　断】 根据临床症状和病理变化较难做出诊断，确诊需进行皮肤变态反应检查，实验室细菌学检验以及动物接种试验。

【预防措施】 通常采用猪土拉杆菌病冻干弱毒疫苗经皮肤划痕接种，免疫期为5年。猪场应注意驱除野生啮齿动物和体外寄生虫，以消灭传染源。一旦发现病猪，应及时隔离治疗，对圈舍、用具认真消毒。由于人也可感染本病，所以应注意自身防护。

【治疗方法】 抗菌药物中以链霉素治疗效果最好，剂量为10～15毫克/千克体重，肌内注射，其次是土霉素和金霉素，如果经过治疗的病猪症状很快减轻，致死率可显著下降。

75. 怎样诊治猪钩端螺旋体病?

钩端螺旋体病是由致病性钩端螺旋体引起的人兽共患的自然疫源性传染病,亦称细螺旋体病。猪发病后大多为隐性感染,但也可表现短期发热、黄疸、血红蛋白尿、出血性素质、流产、水肿和皮肤黏膜坏死等症状。

【流行特点】 发病具有明显的季节性,以 6～9 月份多发,往往呈地方性流行,对各种年龄的猪都有易感性,但以幼龄猪发病较多。其发病特点是:一般呈散发,间隔一定时间成群暴发,给猪的健康带来严重威胁。鼠类为多种菌型的储存宿主,可以终生带菌,是主要的自然性疫源。从患病和带菌动物尿液中可排出大量菌体并长期污染环境,经皮肤黏膜和子宫内感染易感猪。

【临床症状】 潜伏期 3～7 天,病猪大多不表现临床症状,呈隐性经过,带菌和排菌时间可长达 5～10 个月。临床上以病猪精神委顿,体温升高,厌食,便秘或腹泻,尿液呈红色,出现水肿和黄疸,严重者发生死亡,妊娠猪流产和产死胎等为特征。

【病理变化】 急性型可见皮肤、皮下组织、浆膜和黏膜黄染,心脏、肺脏、肾脏、肠系膜和膀胱黏膜出血。肾脏肿大,皮质部有散在灰白色病灶。淋巴结肿大出血。肝脏肿大呈黄棕色,胆囊肿大充盈。皮肤发生坏死,皮下水肿。心包和胸腹腔有黄色积液,膀胱积有血红蛋白尿或类似浓茶样的胆色素尿液。

【诊　断】 根据流行特点、临床症状和病理变化可做出初步诊断,确诊需靠实验室细菌分离、凝集溶解试验和动物接种试验。

【类症鉴别】

①与仔猪溶血病的鉴别　两者均表现黄疸、血红蛋白尿症状。不同点是：仔猪溶血病发病快，死亡率高，多发生于仔猪，剖检可见皮下组织黄染，肝脏肿大，颜色发黄，血液稀薄不易凝固。

②与猪白肌病的鉴别　两者均可发生血红蛋白尿症状。不同点是：猪白肌病发生运动障碍比较突然，呼吸困难，剖检肌肉苍白，有蜡样坏死灶。

【预防措施】　由于本病病原体具有较多的血清型，因此使用猪钩端螺旋体病单价疫苗的免疫效果不佳，在实际生产中往往采用多价灭活苗，每头猪皮下或肌内注射 3～5 毫升，免疫期为 4～6 个月。

加强饲养管理，对病猪和带菌猪实施严格控制，以防病原扩散。由于本病分布广、菌型多，且普遍呈隐性感染，所以要防止水源、农田污染，搞好环境及猪圈卫生，大力灭鼠，控制带菌动物对猪的感染。

【治疗方法】　链霉素、土霉素或金霉素治疗效果比较好，如果使用青霉素则必须加大剂量才能奏效。若对全群治疗可在饲料中加入土霉素连喂 7 天，消除带菌状态和临床症状，以防病猪流产，中草药对防治本病也有一定效果。

76. 怎样诊治猪破伤风？

破伤风是由破伤风梭菌引起人类和动物共患的一种急性、中毒性传染病。猪发病后其发病特征为全身肌肉或局部肌群呈现持续性、痉挛性收缩，对外界刺激的反射兴奋性增高。

【流行特点】　破伤风梭菌为厌氧菌，可产生毒性极强的痉挛毒素和溶血毒素。破伤风梭菌形成的芽孢广泛存在于土壤及外界环境中，小而深的伤口内含有坏死组织，当被泥土、粪便和血块形成的痂皮封盖后，伤口内组织发生出血，在有异物与需氧菌混合感染的情况下，伤口局部形成厌氧环境，破伤风梭菌则乘机生长繁殖，产生毒素引起发病。不同品种、年龄和性别的猪均可感染发病，仔猪比老龄猪易感性强，猪多发生于阉割后，呈散发流行。发病虽无明显季节性，但在雨季和产仔、去势季节多发。虽繁殖体抵抗力不强，一旦产生芽孢后就有很强的抵抗力。常用的消毒剂有10%碘酊、10%漂白粉溶液和3%过氧化氢溶液。

【临床症状】 本病潜伏期的长短与创伤的性质、部位、感染芽孢的数量、繁殖条件和机体的特异性免疫状态有密切关系。其临床症状是四肢强直，运动不灵活，尾部不能活动，牙关紧闭，流涎，瞬膜突出，对外界刺激兴奋性增高，一遇到刺激，病猪即可发出尖细的叫声，发病严重者全身痉挛，角弓反张，心跳及呼吸加快，最后导致死亡。

【病理变化】 由于破伤风梭菌毒性很强，加之死后剖检无特征性的病理变化，所以一般不做剖检。

【诊　断】 由于破伤风具有特殊的临床症状，一般不难做出诊断，如症状不明显时，可进行实验室细菌学检查和动物接种试验。

【类症鉴别】 猪破伤风与猪传染性脑脊髓炎在临床症状上较为相似，易于混淆，应注意鉴别。其鉴别要点如下：传染性脑脊髓炎病猪体温升高，呕吐，惊厥，后期知觉麻痹，四肢呈游泳状划动，最后衰竭死亡，不表现肢体僵硬、牙关紧闭、吞咽困难等症状。

【预防措施】 精制破伤风类毒素，皮下注射，仔猪每头

0.5 毫升，成年猪每头 1 毫升。注射后 3 周产生免疫力，免疫期为 1 年。翌年可再注射 1 次，免疫期可长达 4 年。在仔猪断脐、去势和受到外伤时，可用精制破伤风抗毒素血清进行紧急预防，每头皮下或肌内注射 3000～5000 单位，预防期为 2 周左右。

加强饲养管理，防止各种外伤感染，如有外伤就要及时进行外科处理。断脐、去势时，注意无菌操作，防止手术伤口污染。在治疗过程中，加强护理，最好将病猪单独置于光线较暗的干净圈舍中，冬季注意保温，夏季注意防暑，防止病猪摔倒。保持环境安静，尽量避免各种声音刺激，减少痉挛发生的次数与强度。对采食困难的病猪要给予营养丰富的流质饲料，不能吃食者用胃管灌服。

【治疗方法】 为清除病原，必须彻底清除脓液、异物、坏死组织和痂皮，用 3%过氧化氢溶液、0.1%高锰酸钾溶液或 5%碘酊消毒创面，也可用烙铁对伤口进行烧烙处理，伤口周围用 1%盐酸普鲁卡因溶液 10 毫升、青霉素 80 万单位分点注射，每日 1 次，连用2～3 天。也可用破伤风抗毒素血清肌内注射或静脉注射，每头猪 20 万～80 万单位，以中和毒素。实践证明，应用同样剂量，一次注射比多次注射效果好，注射的时间越早效果越好。为镇静解痉可用盐酸氯丙嗪 30 毫克/头、25%硫酸镁注射液 4～10 毫升/头，肌内注射，每日 1 次，连用2～3 天。出现酸中毒时静脉注射 5%碳酸氢钠注射液 100～250 毫升，对牙关紧闭不能开口吃食者要输液补充营养。

77. 怎样诊治猪恶性水肿？

恶性水肿是由腐败梭菌、水肿梭菌、魏氏梭菌和溶组织梭菌感染引起的一种创伤性、急性传染病，多种家畜均可感染发病。猪发病后的特征为创伤局部发生急剧炎性气性水肿，并伴有发热及全身毒血症，有些病猪胃黏膜肿胀、增厚、变硬，形成所谓的“橡皮胃”。病原体在体内外均可形成芽孢，在动物机体内和液体培养基中能产生强烈外毒素，细菌对外界环境抵抗力很强，芽孢抵抗力更强。消毒药需长时间方能将其杀死，20%漂白粉溶液、3%～5%氢氧化钠溶液、3%～5%硫酸、石炭酸合剂等强力消毒剂可在短时间内将其杀死。

【流行特点】 发病无明显季节性，多为散发流行。不同品种、年龄和性别的猪均可感染发病。病原体分布于土壤表层和人、畜粪便中，家畜通过创伤(如刺伤、咬伤、去势、断尾、分娩和外科手术等)而感染。当口腔、胃肠道存在溃疡时，如经口食入多量芽孢也可感染发病。

【临床症状】 潜伏期为 12～72 小时，临床上常表现 2 种类型：一种是因创伤感染，在创伤局部组织发生水肿，并迅速向周围蔓延，出现肿胀、热痛，后期则无热无痛，随着毒血症的发生，病猪出现全身症状，如精神沉郁，食欲减退或废绝，体温升高至 41℃～42℃，呼吸困难。另一种为快疫型，病菌芽孢由胃黏膜感染后导致胃黏膜肿胀、增厚、变硬，形成“橡皮胃”。若治疗不及时，多数病猪可在 1～2 天死亡。

【病理变化】 创伤感染局部明显肿胀，切开肿胀处，皮下及邻近的肌间结缔组织中流出大量红黄色或红褐色带有气泡和酸臭味的液体，肌肉呈暗红色或棕色，易撕裂。局部淋巴结显著肿大、出血和水肿，肺脏淤血、水肿，肝脏、肾脏肿胀，有灰黄色病灶，腹腔和心室有多量积液。经消化道感染发病死亡的猪，其胃黏膜肿胀、增厚、变硬。

【诊　断】 根据有无外伤和病理变化可做出初步诊断，必要时可进行细菌学检查、荧光抗体染色检查和动物接种试验。

【类症鉴别】

①与猪肺疫的鉴别　两者均表现外部肿胀。不同点是：猪肺疫主要是咽喉部肿胀，剖检肺部可见充血、水肿，切面呈大理石样外观。

②与猪水肿病的鉴别　两者均有水肿表现。不同点是：水肿病主要是眼睑水肿，胃大弯和贲门部位的胃壁水肿，剪开水肿部黏膜层与肌层之间流出胶冻样水肿液。而恶性水肿是由创伤引起，主要在创伤局部发生炎性水肿，剖检病猪胃黏膜肿胀、增厚、变硬，形成所谓的"橡皮胃"。

【预防措施】　本病多为散发性流行，目前尚无有效的预防用疫苗。防病的关键是杜绝外伤，及时对外伤和外科手术伤口进行彻底消毒，一旦发病应立即隔离病猪进行治疗，对污染场所彻底消毒。

【治疗方法】　用青霉素和链霉素联合注射，或用四环素、土霉素、磺胺类药物在病灶周围注射或静脉注射，感染初期疗效较好。对局部伤口要尽早切开扩创，清除创腔中的坏死组织和水肿液，再用3%过氧化氢溶液或0.1%～0.2%高锰酸钾溶液冲洗后涂上5%碘酊。

78. 怎样诊治猪非典型性分枝杆菌病？

猪非典型性分枝杆菌病又称猪抗酸菌病，是猪的一种慢性传染病。其临床特征是病猪头颈部淋巴结和肠系膜淋巴结出现结核样病变。

【流行特点】　病原体是非典型性分枝杆菌，尤其是胞内分枝杆菌，研究表明，胞内分枝杆菌可引起人的肺结核病，人与猪之间有可能产生交互感染。经口感染是主要传播途径，病猪和健康带菌猪是主要传染源。世界上许多国家对本病已有过报道，近年来有明显增多的趋势，现已成为养猪业的一种潜在危害。

【临床症状】 由于病猪头颈部淋巴结和肠系膜淋巴结发生结核样病变，所以临床上表现淋巴结的慢性肿胀，一般被感染猪多数不表现明显的临床症状。

【病理变化】 主要病变是病猪头颈部淋巴结和肠系膜淋巴结发生结核样病变。

【诊　断】 生前临床诊断比较困难，常需要进行结核菌素试验，实验室细菌学检查和凝集试验可帮助做出确诊。

【预防措施】 加强生前检查和屠宰检疫，发现病猪要尽早淘汰，对本病污染的猪舍、饲养用具和猪体每周用药消毒2次。

79. 怎样诊治猪增生性肠炎？

猪增生性肠炎又称回肠炎，是由肠内劳森氏菌所致的一种肠道传染病，其发病特征是小肠与大肠黏膜增厚（即发生肠腺瘤），表现坏死性肠炎、局部性肠炎和增生性出血性肠炎病变。

【流行特点】 主要发生于断奶后的生长肥育猪，病猪是主要传染源，病菌存在于猪的肠组织和口腔内，健康猪通过口腔感染，常呈地方性流行。单纯性增生性肠炎多数病猪临床症状轻微。本病分布广泛，世界上很多国家均已报道过发生本病。

【临床症状】 本病发病率和致死率通常较低，病猪可能出现特征性的厌食，表现对饲料好奇但又不吃，生长停滞，明显呆滞，经4～6周后康复。发生坏死性肠炎或局部性回肠炎的病猪，临床表现消瘦和持续性腹泻，排黑色柏油样粪便，发病严重时由于肠穿孔引起全身性腹膜炎，最后导致死亡。

【病理变化】 肠黏膜增厚，小肠、结肠前部和盲肠肠管外径变粗，浆膜下和肠系膜常见水肿，黏膜肥厚，附着疏松的炎性渗出颗粒。

【诊 断】 根据发病猪的年龄、临床症状、病理变化不难做出诊断，确诊需靠实验室细菌学检查，如取病变肠黏膜抹片，姬姆萨氏染色或改良抗酸染色对黏膜抹片镜检，证实组织内有劳森氏菌即可确诊。

【预防措施】 目前尚无可供使用的疫苗，健康猪群用四环素 66 毫克/千克体重，每月 1 次，每次连续喂服 14 天，可获得较好的预防效果。加强饲养管理、隔离饲养是预防本病发生的最有效措施。

【治疗方法】 泰乐菌素和磺胺类药物联合应用，可降低本病的死亡率。每吨饲料中添加 100 克泰乐菌素或 100 克林可霉素，既可起到预防作用，又可起到治疗作用。

80. 怎样诊治猪空肠弯曲菌病？

空肠弯曲菌病是由弯曲菌属中的空肠亚种细菌所致的人兽共患肠道传染病，目前被认为是一种新的肠道传染病。本病分布广泛，在很多国家均有发生。

【流行特点】 通过带菌猪粪便中排出的菌体和污染的水源、饲料直接或间接传播，病原菌在自然界中分布很广泛，存在于各种动物体的肠道内，猪有很高的带菌率，一般可达 90%以上。

【临床症状】 本病潜伏期为 3～5 天，其症状为发热、肠炎、腹泻和腹痛，与细菌性痢疾相似，但病情较轻。仔猪发病率高于成年猪，病猪有时表现寒战、抽搐、发抖，呕吐，粪便呈水样，排便次数增加，发病严重者排出带有血液和黏液的粪便，具有腥臭味，全身脱水，呼吸困难，心肌衰竭，最后导致死亡。

【病理变化】 空肠、结肠和回肠可见弥漫性出血性水肿和渗出性肠炎，回肠末端及回盲瓣处有溃疡性病变，肠壁变厚，组织内有弯曲菌存在。

【诊　断】 根据临床症状、病理变化可做出初步诊断，对于临床症状不明显的病猪，需进一步做细菌分离和血清学检查。

【类症鉴别】 空肠弯曲菌病与其他原因所致的腹泻病临床症状较为相似，易于混淆，应注意鉴别。

【预防措施】 对于发病严重的地区或猪场，可采用猪空肠弯曲菌多价灭活苗免疫接种。

加强饲养管理，搞好猪舍和栏圈内的清洁卫生，猪舍定期进行预防性消毒。保证供给全价饲料，注意饲料和饮水的清洁卫生，增强猪体的抵抗力以减少疾病的发生和流行。

【治疗方法】 金霉素、土霉素拌料投喂 1 周，可减轻症状，控制疫情发展。如能配合肠道防腐消毒剂、收敛药物（如松节油和克辽林等量混合液内服）效果更好。也可用清热解毒、健胃化气、收敛和止血的中草药，再配合磺胺二甲基嘧啶内服，可收到一定的治疗效果，对体弱、脱水病猪要补充电解质。

81. 怎样诊治猪鼻支原体病？

猪鼻支原体病又称格拉斯病，是猪鼻支原体引起猪的一种支原体性传染病，其发病特征是多发性浆膜炎和关节炎。

【流行特点】 病原体为猪鼻支原体，病猪与带菌猪是主要传染源，猪鼻支原体存在于上呼吸道内，经飞沫和直接接触而传播。在患霉形体肺炎或传染性萎缩性鼻炎的猪群中往往继发本病。

【临床症状】 潜伏期为3～10天，主要侵害3～10周龄的仔猪，病猪表现精神沉郁，食欲减退，体温升高，四肢关节，尤其是跗关节或膝关节肿胀，跛行，腹部疼痛，有时出现呼吸困难，个别猪突然死亡，而多数病猪于发病10～14天时，上述症状开始减轻或仅表现关节肿大和跛行，慢性病猪表现关节炎症状。

【病理变化】 病猪可见浆液性纤维素性心包炎、胸膜炎和轻度腹膜炎，上述各处积液增多。肺脏、肝脏和肠的浆膜面常见到黄白色网状纤维素。被侵害的关节肿胀，滑膜充血，滑液量明显增加并混有血液。慢性病猪受害关节滑膜与浆膜面增厚，并可见纤维素性粘连。

【诊　断】 根据侵害仔猪的日龄(3～10周龄)、临床症状和病理变化可做出初步诊断，确诊需进行病原菌分离。

【类症鉴别】

①与猪滑液支原体病的鉴别　两者均表现关节疼痛、跛行等症状。不同点是：猪滑液支原体病侵害3～6月龄的猪，呼吸道症状最明显，四肢关节强直、跛行。而猪鼻支原体病多侵害3～10周龄的仔猪，发病猪除关节肿胀外，还可以表现呼吸困难。

②与猪接触性传染性胸膜肺炎的鉴别　两者均表现呼吸道症状，但接触性传染性胸膜肺炎病猪体温升高达42℃，表现呼吸急促和高度呼吸困难，常呈犬坐姿势，一般无关节肿胀现象。

【预防措施】 目前尚无可使用的疫苗，也无有效治疗药物。

加强饲养管理，控制和消灭猪群中的霉形体肺炎和传染性萎缩性鼻炎，减少各种应激因素对猪群的刺激。

82. 怎样诊治猪滑液支原体病?

猪滑液支原体病是由猪滑液支原体引起猪的一种传染病，其发病特征是急性关节强直和跛行。

【流行特点】 主要侵害 3～6 月龄的猪，病猪和带菌猪是主要传染源，同群猪可通过鼻部和咽部感染，天气寒冷、潮湿、拥挤等外界环境的刺激可导致本病的发生和流行。

【临床症状】 潜伏期 4～8 天，急性病猪一条或多条腿突然出现跛行，关节强直但肿胀不十分明显，发病严重的食欲减退，体重减轻，病猪起立困难。也有经 3～10 天后，跛行开始减轻，多数可能康复，但有的猪关节强直可持续数周甚至数月。

【病理变化】 急性病猪可见关节滑膜肿胀、水肿、充血，关节腔内液体明显增加，出现浆液性纤维素性或浆液性血性渗出物，关节周围组织水肿。慢性病猪关节滑膜增厚十分明显，并有小块纤维素附着。

【诊　断】 根据发病猪日龄，急性病猪关节强直、跛行，青霉素治疗无效等可做出初步诊断，确诊需从被侵害的关节中分离到猪滑液支原体。

【类症鉴别】

①与慢性猪丹毒所引起的关节炎的鉴别　两者均表现关节肿大，跛行，体温升高。不同点是：慢性猪丹毒除发生关节炎外，皮肤上还可发生疹块，剖检心瓣膜有灰白色菜花样增生

物，用青霉素治疗有特效。

②与猪鼻支原体病的鉴别　两者均表现体温升高，关节肿大，跛行。不同点是：猪鼻支原体病病猪喉部发病时身体蜷曲，剖检可见纤维素性心包炎、胸膜炎、腹膜炎。

③与猪钙、磷缺乏症的鉴别　两者均表现关节肿大，不能站立。不同点是：钙、磷缺乏的病猪体温正常，具有吃煤渣、砖块、啃墙等异食现象。

【预防措施】 目前尚无可使用的疫苗，生产中应加强饲养管理，控制和尽量减少各种应激因素对机体的刺激，以防本病的发生。

【治疗方法】 采用 10 毫克/千克体重泰乐菌素或 10 毫克/千克体重林可霉素肌内注射，每日 1 次，连用 3 天，若能与皮质类固醇药物联合应用疗效更佳。

83. 怎样诊治猪巴尔通体病？

猪巴尔通体病是由巴尔通体引起猪的一种以消瘦、贫血和皮肤丘疹结节为特征的传染病。

【流行特点】 主要发生在母猪产仔季节，最易感的是哺乳仔猪和刚断奶的小猪，病猪和隐性感染带菌猪是主要传染源。巴尔通体主要存活在血液内，其次是肝脏、肾脏和肺脏内，粪便和尿液内也可能存在。一旦一头猪患病，则会波及全窝或全群。本病在猪群中的感染率高达 57%～58%，死亡率达 40%～50%，育成猪、肥育猪、种公猪、母猪多呈隐性感染。

【临床症状】 病猪日渐消瘦、贫血，鼻盘、两耳、四肢和胸腹下皮肤发绀，被毛粗乱无光，多处皮肤呈现黄豆粒大小或拇指大小凸起的紫黑色疹块结节。结膜由潮红转为苍白。耳肿胀，耳尖卷缩外翻、龟裂，尾尖干硬，发生干性坏死和脱落。有的病猪腹泻，粪便呈黄色胶冻状，具有腥臭味，体温升高至40℃～42℃，精神不振，食欲减退或废绝，呼吸促迫，四肢抽搐。当体温降至35℃时多半在24小时内死亡。

【病理变化】 病猪四肢、腹下等处皮肤发绀，结膜苍白，血液凝固不良，稀薄如水。有时可见突出于皮肤的蓝紫色疹块结节，上有干痂，下是烂斑，皮下肌肉似煮肉样。肝脏肿大、出血变性，呈黄红相间外观，边缘为黑紫色坏死灶。脾脏肿大，边缘有坏死或梗塞。肾脏肿大、出血。气管内有黏稠性液体，全身淋巴结肿大、出血，切面湿润。

【诊　断】 根据流行特点、临床症状和病理变化可做出初步诊断，确诊需进行实验室细菌学检验。

【类症鉴别】 猪巴尔通体病与猪附红细胞体病在临床症状上极为相似，易于混淆，其鉴别要点是：猪附红细胞体多寄生于红细胞表面，血浆中的附红细胞体碰到红细胞后附着其上不再运动，附红细胞体不能在普通培养基上生长繁殖。而巴尔通体除寄生在红细胞和血浆中外，还能生存在肝细胞、白细胞和粪便、尿液中，遇到红细胞不附着仍可运动，在普通培养基上可生长繁殖。

【预防措施】 加强仔猪的饲养管理，让其吃足初乳，尽早补料，尽量减少断奶期应激因素的刺激。

【治疗方法】 对氨基苯胂酸钠，每吨饲料添加180克，连喂1周，以后改为半量，连喂1个月。也可每千克体重用血虫净5～7毫克，肌内注射，隔日1次，连用3次。在注射血虫净的同时，适当加喂白糖，每头猪每次喂50～100克。对贫血严重的病猪可配合肌内注射右旋糖酐铁注射液，每次100～200毫升，间隔2～3天再注射1次，若同时注射维生素B_{12} 0.3～0.4毫克，效果更好。

84. 怎样诊治猪附红细胞体病?

附红细胞体病是猪、牛、羊及猫多种动物共患的一种热性溶血性传染病,猪发病后的特征是急性黄疸性贫血,发热,鼻腔有脓性分泌物,仔猪死亡率高。

【流行特点】 猪附红细胞体病多发生于夏季,呈散发性流行。不同年龄的猪均有易感性,其中哺乳仔猪的发病率和病死率较高,育成猪发病率和病死率较低,饲养管理不良,气候恶劣或有其他疾病存在时可加速发病。本病传播途径虽然还不十分清楚,但与吸血昆虫,尤其是猪虱的存在有一定关系,此外还可经口、尿道、子宫感染。

【临床症状】 潜伏期6～10天,发病猪精神沉郁,食欲废绝,体温升高至40℃～41.5℃,皮肤和黏膜苍白,呼吸困难,发病严重的猪全身呈现黄疸,一般经1日至数日后死亡,自然康复猪则变成僵猪。

【病理变化】 全身贫血和黄疸,皮肤和黏膜苍白,血液稀薄,肝脏肿大呈黄红色,脾脏显著肿大变软,有腹水和心包积液,淋巴结水肿,肺部可见小点出血。

【诊 断】 根据病猪体温升高、贫血、全身性黄疸和剖检变化等可做出初步诊断,确诊还需进行实验室涂片镜检、间接血凝试验等。

【类症鉴别】

①与猪巴尔通体病的鉴别　两者均表现体温升高、贫血等症状。但巴尔通体除寄生在红细胞和血浆外,还能生存在肝细胞、白细胞和粪便、尿液中,遇到红细胞不附着仍可运动,在普通培养基上可以生长繁殖。而附红细胞体多寄生于红细胞表面,血浆中的附红细胞体碰到红细胞后附着其上不再运

动，附红细胞体不能在普通培养基上生长繁殖。

②与仔猪缺铁性贫血的鉴别　两者均表现贫血、黄疸症状。不同点是：仔猪缺铁性贫血多发生于生后1周龄的仔猪，其症状为被毛粗乱、可视黏膜苍白、消瘦、血液稀薄不易凝固。

③与猪胃肠溃疡病的鉴别　两者均表现贫血、黄疸症状。不同点是：猪胃肠溃疡病多发生于饲喂精饲料过多的育成猪，临床表现体温正常，精神不振，食欲废绝，体表苍白，呕吐，腹痛，排煤焦油样黑便。

【预防措施】　目前尚无可以预防猪附红细胞体病的疫苗。

加强饲养管理和环境卫生管理，驱除体内外寄生虫，常发地区可在每吨饲料中添加土霉素600克、对氨基苯胂酸钠180克，连用1周，以后用量减半，连用1个月。

【治疗方法】　新胂凡纳明，15～45毫克/千克体重，一次静脉注射，由于其副作用较大，目前较少应用；对氨基苯胂酸钠，每吨饲料加入180克，连用1周，以后减半，连用1个月；土霉素或四环素，15毫克/千克体重，每日2次，肌内注射，可以连续应用；肌内注射血虫净5～7毫克/千克体重，每日1次，连用2天。

85. 怎样诊治猪耶尔辛氏菌小肠结肠炎？

耶尔辛氏菌小肠结肠炎是由小肠结肠炎耶尔辛氏菌所引起的一种人兽共患肠道传染病，猪发病后的主要特征为腹泻。

【流行特点】　一般多发生于育成猪，仔猪和成年猪感染率很低。虽然一年四季均可发病，但以冬、春季多见，呈散发或暴发性流行，近几年发病率有所增加。猪可以健康带菌，菌体存在于扁桃体和肠系膜淋巴结内，猪带菌率为5%～10%，最高可达25%～50%，感染猪经粪便向外排菌可长达30周，发病后通常呈隐性感染。猪和鼠类是人类的主要传染源，严重威胁着人和动物的健康。通过被污染的饲料、饮水，经过口、消化道感染。啮齿动物和节肢动物既为该菌的储存宿主，又为传播媒介。

【临床症状】 病猪长期间歇性地排出灰白色或灰褐色糊状稀便，粪便中混有黏液和脱落的肠黏膜，粪便表面常沾染红色或暗褐色血液，有时粪便表面包裹一层灰白色、油光发亮的薄膜。病猪体温正常，只有少数病猪体温会升高至 40℃以上。病程长的食欲减少，逐渐消瘦，被毛粗干，步态不稳。大部分病猪不表现明显症状，呈现隐性感染。虽然死亡率不高，但影响生长发育速度。

【病理变化】 十二指肠、空肠和盲肠有不同程度的充血出血。结肠和直肠孤立淋巴滤泡肿大，浆膜层或黏膜层突出，可见小米或绿豆大的结节，小结肠和直肠黏膜有散在的、呈火山口状的溃疡灶，内含干酪样物，周围有一充血带。肠系膜淋巴结肿大，切面多汁外翻。

【诊　断】 根据临床症状和病理变化可做出初步诊断，确诊还需进行实验室的细菌分离、试管凝集试验、间接血凝试验等。

【类症鉴别】 本病的主要症状为腹泻，而腹泻是多种猪病常见的症状，引发的原因很复杂，这些疾病在临床上易于混淆，应注意鉴别。

【预防措施】 由于小肠结肠炎耶尔辛氏菌有多种血清型，各地所分离到的菌株血清型并不一致，因此给本病的免疫预防带来了很大困难，目前尚无有效的疫苗可被使用，必要时可进行药物预防。

由于本病在人和动物之间可以相互传播，人的发病往往是动物感染所致，要想防止本病的发生，人医和兽医必须共同努力。平时注意饲料、饮水的卫生和检测工作，严防污染，减少猪的带菌率和本病的隐性感染率。

【治疗方法】 本病对土霉素、新霉素、四环素、磺胺类药物、大观霉素、庆大霉素等多种抗菌药物敏感，发现病猪及时分离病菌并做药敏试验，如能有选择性地进行药物治疗，就可以收到良好的效果。

86. 怎样诊治猪皮肤霉菌病？

皮肤霉菌病又称皮肤真菌病，是由多种皮肤霉菌引起的人兽共患皮肤传染病，本病广泛分布于世界各地。

【流行特点】 猪不分品种、年龄均可感染，发病虽无明显季节性，但以秋、冬季的舍饲期为多见。在自然条件下，仔猪营养不良、皮毛不洁时较为易感，通过直接接触或被污染的媒介物间接传播。病人和病畜为重要传染源，猪舍气温高、阴暗、潮湿、污秽、拥挤，有利于本病的传播。

【临床症状】 猪发病后的特征性表现是被毛、皮肤、蹄等角质化组织受损害和形成癣斑，俗称钱癣，临床上以脱毛、脱屑、炎性渗出、痂块和痒感为主要症状，其代谢产物外毒素可引起真皮充血、水肿和发炎，皮肤出现丘疹、水疱和皮屑，有毛区发生脱毛、毛囊炎或毛囊周围炎。黏性分泌物与脱落的上皮细胞形成痂皮，此时病猪表现不安、摩擦患部、减食、消瘦、贫血。

【病理变化】 病初患部潮红，皮肤中嵌有小水疱，几天后结痂。在痂块之间产生灰棕色至微黑色连成一片的皮屑覆盖物，皮肤皲裂、变硬。眼眶、口角、颜面部、颈部、肩部形成手掌大小的癣斑。背部、腹部和四肢虽然也可受到损害，发生瘙痒，但很少见到脱毛或几乎不脱毛。

【诊　断】 根据临床症状和病理变化不难做出诊断，进一步确诊需进行实验室涂片镜检、分离培养和动物接种试验。

【类症鉴别】

①*与猪疥癣病的鉴别*　两者均表现脱毛、瘙痒症状。不同点是：疥癣为寄生虫病，能找到疥癣虫，病灶为界限不规则的大面积无毛区。

②*与猪湿疹的鉴别*　两者均表现脱毛、瘙痒症状。不同点是：湿疹的病灶区有湿性渗出物，病猪表现剧烈瘙痒，分离不到病原体。

③*与猪过敏性皮炎的鉴别*　两者均表现脱毛、瘙痒症状。不同点是：过敏性皮炎为皮肤的变态反应性疾病，可以追查到过敏原。

【预防措施】 加强环境卫生管理，做好猪体皮肤的卫生工作，饲养人员和畜牧兽医工作者应注意自身防护，以免感染霉菌。

加强饲养管理，发现病猪应进行全群检查，对病猪舍、猪圈首先应彻底冲洗，用5%热氢氧化钠溶液或0.5%过氧乙酸溶液消毒，最后再用清水冲洗后方可引进猪只。

【治疗方法】 患部先剪毛，再用温肥皂水洗净痂皮，然后直接涂搽药物（如10%水杨酸酒精或5%～10%硫酸铜溶液，每日或隔日涂敷直至痊愈）。也可用水杨酸6克、苯甲酸12克、敌百虫5克、凡士林100克或石炭酸15克、5%碘酊25毫升、水合氯醛10毫升，混合后外用，每日1次，3天后用水洗净，涂以氧化锌软膏。也可用克霉唑癣药水、制霉菌素或灰黄霉素涂搽患部。

四、猪寄生虫病的诊治

87. 怎样诊治猪囊虫病?

猪囊虫病又称猪囊尾蚴病，是猪带绦虫的幼虫——猪囊尾蚴寄生于猪机体各部横纹肌及其他器官，危害人、畜健康的一种人兽共患寄生虫病。

【流行特点】 人是猪带绦虫的终宿主，同时也是中间宿主。猪带绦虫寄生于人的小肠内，虫卵随粪便排出，猪吃了带有虫卵的粪便即可感染囊虫病，人吃了被虫卵污染的食物可再次感染，成为中间宿主；人感染猪带绦虫成为终末宿主，主要是吃了含囊尾蚴的猪肉。本病发病虽无明显季节性，但在有利于虫卵生存、发育的温暖季节多发，一般呈散发性流行。自然条件下，猪是易感动物，囊尾蚴能在猪体内存活 3～5 年。

【临床症状】 猪感染囊虫后，临床症状不明显，只有感染十分严重的病猪，表现发育不良，运动、呼吸和采食困难，声音嘶哑。如果寄生在眼内，可引起失明，寄生在大脑可表现神经症状，严重者发生急性脑炎而死亡。

【病理变化】 肉色苍白，肌肉内可找到囊尾蚴，发病严重的猪在脑、眼、肝脏、脾脏、肺脏也可找到囊虫的虫体。发病时间长的包囊常常出现纤维素性变化甚至钙化。

【诊　断】 生前诊断较为困难，一般生前确诊采用间接红细胞凝集试验。而传统的诊断方法为检查猪的舌肌和眼部肌肉，看是否有突出的猪囊尾蚴，此法检出率低，并且麻烦，必要时可进行囊尾蚴生活力的测定。

【类症鉴别】

①与猪旋毛虫病的鉴别　两者均表现肌肉强硬，呼吸不畅，叫声嘶哑，虫体寄生于肌肉。不同点是：患旋毛虫病的猪生前多不呈现临床症状，只有在人工感染大量虫体时，发病初期才表现食欲减退、呕吐和腹泻等消化道症状。一般很少引起死亡，多于 4～6 周后康复。

②与猪住肉孢子虫病的鉴别　两者均表现消瘦、运动障碍、呼吸不畅等症状。不同点是：住肉孢子虫病发病后病猪表现厌食，减重，皮肤有紫癜，肌肉发抖，亚临床感染的妊娠猪发病严重时流产，轻型感染病猪仅出现一过性厌食和委靡，对猪增重和生产周期无明显影响。

【预防措施】　目前对猪囊虫病的免疫预防研究报道很多，免疫抗原有囊尾蚴匀浆抗原、分泌代谢抗原、纯化抗原等，其保护率可达 80%～90%。

采取查、驱、检、管等综合措施进行防治。查清囊虫病患者，彻底驱除人体囊虫。对屠宰猪认真进行肉品卫生检验，检出有囊虫的猪肉，应进行无害化处理，保证肉食品安全。管理好猪和人的粪便，切断猪感染囊虫的途径。

【治疗方法】　丙硫咪唑，30 毫克/千克体重，口服，杀虫率在 95%以上。吡喹酮，30～60 毫克/千克体重，口服，也有很好的疗效。由于上述药物毒性比较强，使用时应慎重，注意不良反应的出现。

88. 怎样诊治猪旋毛虫病?

旋毛虫病是由毛形科旋毛虫所引起的一种人兽共患寄生虫病，其成虫寄生于小肠，幼虫寄生于各部肌肉中。

【流行特点】　旋毛虫为多宿主寄生虫，除猪外，犬、猫、鼠类等100多种哺乳动物均可感染旋毛虫，其中以肉食兽、杂食兽、啮齿类最常见。食肉的甲虫和昆虫均可成为传染源。旋毛虫病的流行，主要是通过采食含有旋毛虫幼虫的肉类所致。猪吃了未经煮熟、含有旋毛虫幼虫的废弃碎肉、洗肉泔水及其副产品，或吞食了感染旋毛虫的死鼠等，都可感染旋毛虫，其中鼠类对猪旋毛虫的感染具有重要作用。人旋毛虫病是因人吃了含旋毛虫幼虫的未煮熟和盐渍的各种肉类所引起。旋毛虫病的流行具有较强的地域性，往往在某些区域形成恶性循环。

【临床症状】 猪对旋毛虫有较强的耐受性，临床表现比较轻微。自然感染时，生前多不呈现临床症状，仅在宰后检验时发现。当人工大剂量感染时，发病初期病猪表现食欲减退、呕吐和腹泻等消化道症状，幼虫移行时引起肌肉发炎，出现肌肉疼痛、麻痹，运动障碍，声音嘶哑，呼吸与咀嚼困难，发热和消瘦等症状，有时还表现眼睑和四肢水肿，一般很少引起死亡，多于4～6周后康复。

【诊 断】 猪旋毛虫病的诊断分生前检疫和宰后检验，生前检疫主要采用酶联免疫吸附试验、免疫微球凝集试验和皮肤变态反应试验。宰后检验主要是采用镜检法和肌肉组织消化法。

【类症鉴别】

①*与猪水肿病的鉴别* 两者均表现食欲不佳、眼睑水肿、运动障碍等症状。不同点是：水肿病病猪颈部、腹部皮下水肿，肌肉震颤，盲目运动，剖检胃大弯的肌层与黏膜层之间可见黄色胶冻样液体。

②*与猪住肉孢子虫病的鉴别* 两者均表现体温升高、肌肉僵硬、消瘦等症状。不同点是：住肉孢子虫病病猪表现贫血，剖检腹水增多，肾脏苍白，肌肉水样褪色，有小白点出现。

③与猪囊虫病的鉴别　两者均表现眼睑肿胀、肌肉强硬等症状。不同点是：囊虫病病猪舌下可见半透明米粒状包囊，剖检腰肌、臀肌、舌肌、心肌、膈肌均可见到米粒大至石榴粒大的囊尾蚴。

【预防措施】　由于旋毛虫的每个发育阶段都具有不同特点，尤其是对免疫监视的逃避，加之其抗原成分复杂，因此给免疫预防带来了很大困难，虽然虫体组织佐剂苗和可溶性抗原苗可产生较强的免疫力，但仍不能达到100%的减虫率。

猪旋毛虫的生活史比较特殊，同一宿主既是它的中间宿主，又是它的终末宿主。成虫和幼虫寄生于同一宿主体内，不需要在外界环境中发育，但要完成生活史又必须更换宿主。根据这一特点，控制本病就要采取灭、治、检、管相结合的综合防治措施，这样既可切断旋毛虫进入人和动物的食物链，又可防止新的感染。

【治疗方法】　丙硫苯咪唑（商品名为肠虫清、抗蠕敏）是目前治疗猪旋毛虫病的首选药物，口服剂量为 15 毫克/千克体重，连用 3 周，或用 18 毫克/千克体重，连喂 2 周，均可杀死猪体内的全部旋毛虫。

89. 怎样诊治猪弓形虫病？

猪弓形虫病是由粪地弓形虫引起的一种人兽共患原虫病。其发病特点是高热，妊娠猪流产、产死胎。

【流行特点】　弓形虫目前已遍布全世界，易感哺乳动物有 45 种，鸟类有 70 种，冷血动物有 5 种。虫体侵入途径是经口、鼻、眼、咽、呼吸道、肠道、皮肤等，也可通过胎盘感染胎儿。昆虫和蚯蚓可机械性传播卵囊，病畜和带虫者的肉、内脏、血液、渗出物和排泄物中均有虫体，病母猪乳中、流产胎儿、胎盘和其他流产物中含有大量虫体。本病多呈地方性流行或散发,发病无明显的季节性,3～4月龄的猪多发,发病率和死亡率均较高。

【临床症状】 仔猪多呈急性发作,发病率和死亡率最高,发病后3～5天死亡。成年猪常呈隐性感染,发病虽少,但血清学检查抗体阳性率比仔猪高。急性感染猪体温升高至40.5℃～42℃,稽留5～7天,精神沉郁,食欲废绝,腹泻或便秘,眼结膜充血,呼吸困难,耳、下腹部和四肢等处皮肤发生弥散性点状或斑状出血,个别病猪有呕吐和异食,病程7～10天,15天后不死的转为慢性或逐渐康复,妊娠猪感染后可引起流产和产死胎、弱仔。

【病理变化】 体表可见紫斑,全身淋巴结肿大、充血、出血,肺脏出血、水肿,肝脏有点状出血,胃底部出血、坏死,胃、大小肠均有出血点和坏死灶,心包、胸腹腔积水。

【诊　断】 根据发病原因、临床症状和病理变化可做出初步诊断,确诊则须检出虫体和特异性抗体。

【类症鉴别】

①与猪瘟的鉴别　两者均表现体温升高,皮肤上有紫红色斑块。不同点是:猪瘟不分年龄、季节均可发生,剖检盲结口有纽扣状溃疡,用磺胺类药物治疗无效。而弓形虫病多发生于断奶后体重在50千克以内的猪,夏、秋季多发,病猪呼吸困难,常呈现腹式呼吸,磺胺类药物治疗有特效。

②与猪流行性感冒的鉴别　两者均发病突然,伴随体温升高。不同点是:猪流行性感冒多发生于气候骤变的晚秋和早冬,病猪呼吸急促,剧烈咳嗽,先流清鼻液,后流黏性鼻液,用抗菌药物可以控制继发感染,如果无并发症大约1周可以康复。

【预防措施】 目前有灭活苗和弱毒苗2种,灭活苗接种后虽能产生抗体，但免疫力低，不能达到预防的效果。弱毒苗免疫效果优于灭活苗，能够产生较强的免疫力。发病前尤其是在7～9月份，用磺胺-6-甲氧嘧啶按0.2克/千克拌料投喂，可达到预防目的。

猪场内禁止养猫，发现猫粪及时处理，以防猪只感染发病。圈舍经常打扫，保持清洁，注意灭鼠，定期对猪群进行检疫，有计划地淘汰病猪。

【治疗方法】 磺胺类药物治疗效果较好，如长效磺胺，按60毫克/千克体重，每日肌内注射1次，连用7天；磺胺嘧啶，70毫克/千克体重，1%敌菌净，1毫升/千克体重，首次用量加倍，每日2次，3天为1个疗程。另外，螺旋霉素和林可霉素治疗猪弓形虫病也有一定效果。

90. 怎样诊治猪蛔虫病?

蛔虫病是由猪蛔虫引起猪的一种慢性寄生虫病。蛔虫是猪体内的大型线虫，也是猪消化道内最常见的线虫，感染率可达50%～75%，育成猪比成年猪更常见。

【流行特点】 猪蛔虫分布广泛，几乎到处都有，卫生状况差的猪场，感染率更高。蛔虫具有强大的繁殖能力，1条雌虫每天可产卵10万～20万个，虫卵对外界自然条件具有强大的抵抗力，严重污染的猪场及周围环境，一年四季均有大量虫卵存在。猪蛔虫的发育史简单，无需中间宿主，寄生在小肠内的雌性成虫产出的虫卵，随粪便大量排出，经4～5周发育成感染性虫卵，猪吞食被感染性虫卵污染的饲料后即可感染。本病主要危害3～6月龄的仔猪，发病后造成生长发育不良，饲料消耗和屠宰内脏废弃率高，发病严重时可引起死亡，野猪也可感染。

【临床症状】 成年猪抵抗力强,感染后不表现明显症状。仔猪症状比较明显,如精神不振,食欲减退,咳嗽,呼吸加快。育成猪表现异食、磨牙、消瘦、贫血、被毛粗乱,病轻者1～2周好转,发病严重时表现咳嗽加剧,呕吐,腹泻,最后虚脱而死。不死的发育不良,变成僵猪。

【病理变化】 发病初期,肺脏表面可见大量出血点或暗红色斑点,肝脏表面有粗细不等的白色斑纹,小肠内大量虫体寄生时常引起小肠阻塞和肠破裂。

【诊　断】 粪便直接涂片镜检或用饱和盐水浮集法检查虫卵,如每克粪便虫卵达1000个以上即可确诊。

【预防措施】 目前尚无有效的免疫用苗,猪感染蛔虫后能产生部分免疫力,如用感染期虫卵和排泄分泌物免疫可使健康猪获得保护。

加强仔猪的饲养管理,提高抗病能力,饲料、饮水不能被粪便污染,每年春、秋季定期驱虫。经常打扫猪舍,保持猪舍清洁卫生,常常用生石灰、草木灰消毒圈舍,以减少蛔虫对猪的侵袭。

【治疗方法】 丙硫苯咪唑,是一种安全有效的广谱驱虫药物,为驱除家畜体内所有寄生虫的首选药物,10～20毫克/千克体重,每日口服1次,连用2～3天。

枸橼酸哌嗪(驱蛔灵),0.25克/千克体重,混入水中或饲料中一次口服,每日1次,连用2～3天。

左旋咪唑,4～6毫克/千克体重,肌内注射;或8毫克/千克体重,口服。

91. 怎样诊治猪肺丝虫病?

猪肺丝虫病是由后圆线虫寄生于猪支气管和细支气管内

所引起猪的一种线虫病，以肺膈叶多见。本病呈全球性分布，猪是后圆线虫的唯一宿主。

【流行特点】 成虫寄生于中间宿主猪的支气管中，并在此产卵，虫卵随气管分泌物经咽部而被咽下，进入消化道并随粪便排出，虫卵被蚯蚓吞食后发育为感染性幼虫，夏季虫卵感染蚯蚓的感染率高达71.9%。在潮湿的土壤中虫卵可存活3个月，秋季产于牧场上的虫卵可越过寒冷的冬季，生存5个月以上。本病一年四季均可发生，以温暖、多雨季节多发，土壤肥沃、粪堆污秽不堪、蚯蚓活动频繁的地方，猪的感染率较高，1条蚯蚓体内最多可含2000～4000条感染性幼虫，感染性幼虫可长期存活于蚯蚓体内，猪只要吃入少量蚯蚓，便可导致严重感染，舍饲猪感染几率较低。

【临床症状】 猪感染后可引起支气管炎和支气管肺炎，主要危害仔猪，发病严重时可造成大批仔猪死亡。感染率一般为20%～30%。严重感染时，病猪表现阵发性咳嗽，被毛干燥，鼻孔内有脓性黏稠液体流出，呼吸困难，结膜苍白，食欲减退、消瘦。病程长的胸下、四肢、眼睑发生水肿。

【病理变化】 支气管黏膜增厚、扩张，肺尖叶和膈叶腹面边缘常有局限性肺气肿，呈灰白色，界限明显，微凸起，切开后支气管内有黏稠分泌物和白色丝状虫体。

【诊　断】 根据发病原因、临床症状和病理变化可做出初步诊断，确诊需依靠粪便检查和变态反应试验。

【类症鉴别】

①与猪肺疫的鉴别　两者均表现咳嗽症状。不同点是：猪肺疫发病急，病猪体温升高，呼吸促迫，频咳。病料涂片染色镜检可见两极浓染的革兰氏阴性杆菌。而猪肺丝虫病发生缓慢，病猪阵发性咳嗽，发病重时表现呼吸困难。

②与猪霉形体肺炎的鉴别　两者均表现咳嗽症状。不同点是：患霉形体肺炎的病猪体温升高，咳嗽急。而猪肺丝虫病发生缓慢，病猪阵发性咳嗽，发病重时表现呼吸困难。用饱和盐水浮集法可查出粪便中的虫卵，呈棕黄色，椭圆形，卵内可见一蜷曲的幼虫。

【预防措施】　资料报道，用致弱的感染性幼虫接种猪可获得一定的预防效果，体外培养虫体分泌抗原和虫体组织抗原接种猪，有抑制感染性幼虫生长发育的作用。

加强饲养管理，春、秋季定期驱虫，猪活动场所注意清洁卫生，硬化地面，粪便堆积发酵，消灭中间宿主蚯蚓，使猪吃不到蚯蚓，即可以控制猪肺丝虫病的发生。

【治疗方法】　四咪唑（驱虫清），20～25 毫克/千克体重，拌入饲料中一次喂服，对各期幼虫和成虫有很好的治疗效果。海群生，0.1 克/千克体重，皮下注射或口服均可。碘溶液（碘1 克，碘化钾 2 克）、普鲁卡因 3.75 克、蒸馏水 1500 毫升，混合成溶液，灭菌后按 0.5 毫升/千克体重，一次气管内注射，每隔 2 日注射 1 次，连用 3 次。

92. 怎样诊治猪住肉孢子虫病？

住肉孢子虫病是由住肉孢子虫科的住肉孢子虫寄生于猪的肌肉组织，引起腹泻、消瘦、跛行和瘫痪等症状的一种人兽共患性寄生虫病。

【流行特点】　住肉孢子虫为专性二宿主寄生虫，必须有中间宿主和终末宿主的共同参与才能完成其发育史。中间宿主是猪，终末宿主是人、犬、猫，终末宿主因吃了含虫包囊的猪肉而感染，孢子化的卵囊随终末宿主的粪便排出，通过被孢子囊污染的饲料和饮水经口感染中间宿主。本病发病无明显季节性，不同年龄、性别、品种的猪均可感染。裂殖生殖后形成的裂殖子，随血液进入肌肉中，然后进入肌纤维并形成包囊。

【临床症状】 急性发病（感染100万个以上的孢子囊）病猪表现发热、厌食、减重、皮肤（尤其是耳部和臀部）有紫癜、呼吸困难、肌肉发抖，常于14～17天死亡。亚临床的重型感染（感染少于100万个孢子囊）表现妊娠猪流产和产死胎。轻型感染（感染2.5万个以下的孢子囊）病猪仅出现一过性厌食和精神委顿，对猪增重和生产周期无明显影响。

【病理变化】 病猪消瘦，贫血，肌肉色淡，心肌脂肪组织胶样浸润，膈肌和腹部肌肉，尤其是股四头肌中可见许多包囊。轻度和中度感染病猪肌肉色泽、韧度和气味均无明显感官变化。重度感染病猪肌肉疏松，弹性差，色淡，含水分多，切面呈糜烂状，色泽似熟肉色或土黄色，但无不良气味。

【诊　断】 根据发病原因、临床症状、病理变化可做出初步诊断，确诊需用显微镜观察包囊或进行胃蛋白酶消化试验。

【预防措施】 加强饲养管理，运动场、圈舍、饲料、饮水和垫料不能让犬、猫接触，以免被污染。对犬、猫和人的粪便要收集处理，杀灭粪便中的孢子囊，禁止在猪场内饲养犬和猫。

【治疗方法】 常山酮、莫能菌素、盐霉素等药物内服可取得一定疗效，每日4毫克/千克体重，分2次给药，连用30天。

93. 怎样诊治猪类圆线虫病？

猪类圆线虫病是猪的一种常见肠道寄生虫病，其发病特征是仔猪消瘦，生长发育不良，生长停滞，严重时引起死亡。

【流行特点】 成虫寄生于小肠，虫卵随粪便排出，在适宜条件下发育为感染性幼虫，感染性幼虫和虫卵对干燥的外界环境抵抗力低，但感染性幼虫在潮湿的环境中可生存2个月，虫卵发育力可达 6 个月以上。因此,在温热潮湿季节和卫生条件差的地方,本病流行非常普遍。主要经口和皮肤感染,主要侵害 10 日龄左右的哺乳仔猪,以 1 月龄左右的哺乳仔猪感染最严重,2 月龄以后感染逐渐减少。

【临床症状】 轻症时不表现明显临床症状,若虫体在肠内大量寄生,则病猪表现精神不振,消瘦、腹泻、腹部膨胀、腹痛、生长发育不良。幼虫进入肺脏可引起支气管肺炎和胸膜炎,若幼虫通过皮肤感染,可引起皮肤湿疹样变化,病程 15~30 天,以 3~4 周龄仔猪发病严重,死亡率高达 50%。

【病理变化】 病猪皮肤组织,尤其是下腹部和乳腺部组织、肌肉有点状出血,支气管肺炎,小肠黏膜有点状或带状出血,有时可能出现糜烂性溃疡。

【诊　断】 若发现消瘦、腹泻、生长发育不良等症状的病仔猪,可采集新鲜粪样检查虫卵,当发现有较多蓝氏类圆线虫虫卵时即可确诊。

【预防措施】 成年猪感染虫体后能产生很强的免疫力,国内外不少学者对本病的免疫进行了研究,但仍未获得满意的效果。

加强饲养和环境卫生管理,及时清除粪便,经常消毒,保持猪舍和场地的干燥,定期检查。

【治疗方法】 表现临床症状或查其每克粪便中含有 7 万个以上虫卵时,可用以下药物进行驱虫治疗。灭虫丁(阿维菌素),0.3 毫克/千克体重,皮下注射;左旋咪唑,10 毫克/千克体重,混入饲料一次喂服,对成虫有效;四咪唑(驱虫净),7.5 毫克/千克体重,混入饲料中喂服。

五、猪维生素缺乏症和中毒性疾病的诊治

94. 怎样诊治猪维生素 A 缺乏症?

猪维生素 A 缺乏症是由于猪体内缺乏维生素 A 所引起的疾病,其发病特征为生长发育不良、视觉障碍和器官黏膜损伤。

【发病原因】 主要因粗饲料调制不当、遭受日光暴晒、酸败、氧化等破坏所致,常发生于仔猪,以冬末春初为多见。

【临床症状】 仔猪的典型症状是皮肤粗糙,皮屑增多,咳嗽,腹泻,生长发育缓慢。发病严重者则神经功能紊乱,出现听觉迟钝,视力减弱、干眼,步伐不稳,运动失调,痉挛、转圈,甚至后躯麻痹等症状。母猪则发生流产或产死胎,所生仔猪表现瞎眼或畸形眼。有些仔猪即使外形正常,但生活力不强,容易死亡,公猪性欲下降,精子活力降低,出现死精子。

【诊　断】 根据长期不饲喂青绿饲料,病猪临床上出现神经症状、夜盲症和皮肤粗糙。公、母猪性功能异常,即可做出初步诊断。

【类症鉴别】

①与猪伪狂犬病的鉴别　两者均表现惊厥、腹泻,妊娠猪流产、产死胎等症状。不同点是:猪伪狂犬病病猪体温升高,皮肤发红,震颤,四肢强直,不出现夜盲症,母猪流产,但不出现畸形胎。

②与猪血凝性脑脊髓炎的鉴别　两者均表现视力障碍、共济失调、卧地不起等症状。不同点是：猪血凝性脑脊髓炎对应激因素敏感，虽视力障碍但不发生夜盲症。

③与猪传染性脑脊髓炎鉴别　两者均表现共济失调、四肢呈游泳状划动等症状。不同点是：传染性脑脊髓炎有传染性，病猪体温升高，四肢强直，眼球震颤。

【预防措施】　保证青绿饲料供应，多喂富含维生素 A 的饲料，在青绿饲料生长的旺盛期青贮一部分，保证冬、春季节供应。

饲料中可添加鱼肝油以补充维生素 A，但注意添加剂量不宜过大，以免造成中毒。日粮中维生素 A 的含量为每日 30～60 单位/千克体重，胡萝卜素含量为每日 75～155 单位/千克体重。

【治疗方法】　肌内注射维生素 AD 注射液 2～5 毫升，隔日 1 次。断奶猪可将 10～15 毫升鱼肝油拌入料中饲喂，每日 1 次。哺乳仔猪可灌服鱼肝油 2～5 毫升，每日 2 次。如果眼部、呼吸道和消化道发炎时应实施对症治疗。

95. 怎样诊治猪 B 族维生素缺乏症？

B 族维生素缺乏症是由于缺乏 B 族维生素而引起的多种疾病的总称。B 族维生素包括维生素 B_1、维生素 B_2、维生素 B_3、维生素 B_6、维生素 B_7、维生素 B_{11}（叶酸）、维生素 PP、维生素 B_{12}、肌醇和胆碱等。

【发病原因】　B 族维生素来源广泛，青绿饲料、酵母、麸皮、米糠和发芽的种子中含量很高。但 B 族维生素易于从水中丧失，几乎不能在体内储存，特别是玉米中缺乏维生素 PP，在短期缺乏或不足时，就可以降低体内某些酶的活性，抑制相应的代谢过程，影响动物的健康生长。

【临床症状和病理变化】

①维生素 B_1 缺乏症　病猪食欲下降，呕吐，腹泻，生长不良，皮肤和黏膜发绀，呼吸困难，突然死亡。心脏扩张，心跳减慢，心肌纤维坏死，心脏异常。

②维生素 B_2 缺乏症　发病初期病猪生长缓慢，消化功能紊乱，呕吐，发生白内障，皮肤粗干而变薄，继而在鼻、耳后、背中线及其附近、腹股沟、腹部、蹄冠部等处发生红斑疹和鳞屑性皮炎，局部脱毛、溃疡、脓肿。母猪还可发生繁殖和泌乳性能不良。

③维生素 B_3 缺乏症　病猪食欲减退甚至废绝，生长不良，腹泻，咳嗽，脱毛，运动失调或表现鹅步。特征性的病理变化是在肠道，结肠水肿、充血和发炎。淋巴细胞浸润，神经组织中可见外周神经、脊根神经节、背根神经和脊髓神经根变性。母猪泌乳和繁殖性能降低。

④维生素 B_6 缺乏症　病猪生长缓慢、腹泻，严重的出现红细胞色素性贫血，多染性红细胞和有核红细胞及骨髓增生，病猪抽搐、运动失调，抽搐之前常表现激动和神经质。

⑤维生素 H（生物素）缺乏症　病猪皮肤溃疡、脱毛，后腿痉挛，蹄横向开裂、出血，口腔黏膜发生炎症。

⑥维生素 B_{11}（叶酸）缺乏症　维生素 B_{11} 为红细胞生产所必需，缺乏时病猪发育不良，机体衰弱，腹泻，发生巨幼红细胞性贫血。

⑦维生素 PP 缺乏症　病猪食欲消失，消瘦，腹泻，皮炎，神经功能紊乱和贫血。剖检可见肠壁，特别是结肠和盲肠壁增厚、变脆。肠道黏膜变色，结肠内容物紧密附着在肠壁上，很难用水冲掉，肠系膜淋巴结水肿。

⑧**维生素 B_{12} 缺乏症** 病猪表现恶性贫血、虚弱、皮炎等全身症状，剖检可见肝细胞坏死和脂肪肝。

【诊　断】 根据发病原因、临床症状、病理变化，结合饲料喂养情况、病史调查以及治疗效果，综合分析后即可做出诊断。

【预防措施】 预防B族维生素缺乏症的关键措施是在日粮中添加维生素预混剂，同时注意供给富含B族维生素的饲料和青绿饲料。

【治疗方法】 不论是原发性还是继发性维生素 B_1 缺乏症，均可用维生素 B_1 0.25～0.5毫克/千克体重，皮下或肌内注射；维生素 B_2 缺乏时可用维生素 B_2 6～8毫克/千克体重，皮下或肌内注射，或每吨饲料补充3～4克维生素 B_2；维生素 B_3 缺乏可口服或注射维生素 B_3 制剂，饲料中维生素 B_3 含量应保持在11～16毫克/千克饲料；维生素 B_6 缺乏时，日粮中可增喂酵母、糠麸或含植物性蛋白质丰富的饲料，或每日口服维生素 B_6 60微克/千克体重；维生素H缺乏时，8周龄猪每日注射维生素H 100微克，或每100克饲料中添加维生素H 2毫微克；维生素PP缺乏可口服维生素PP 100～200毫克。

96. 怎样诊治猪硒和维生素E缺乏症？

硒和维生素E缺乏症是硒或维生素E缺乏以及两者同时缺乏所引起的疾病。硒和维生素E缺乏症已成为世界性问题，它不仅导致猪的高发病率和死亡率，而且影响猪的生长、发育及繁殖性能，对养猪生产的危害性很大，已引起国内外的普遍重视。

【发病原因】 土壤中硒含量不足和低硒饲料是硒缺乏的主要原因。土壤中缺硒或含量不足导致植物中硒缺乏和含量不足，长期饲喂含贫硒植物的饲料，可导致猪缺乏硒。青绿饲料缺乏，矿物质、蛋白质、维生素缺乏或比例失调，也可引起硒缺乏。维生素 E 的缺乏是硒缺乏的重要因素。铜、锌、铅、镉、硫酸盐等都可抑制和干扰硒的吸收和利用，并引起猪的相对性缺硒。应激因素可使硒和维生素 E 的耗量加大，导致硒和维生素 E 缺乏。

【临床症状】 白肌病多见于 20 日龄左右的仔猪，患病仔猪营养良好，同窝身体健壮的仔猪则突然发病，虽体温表现正常，但精神不振，食欲减退，呼吸促迫，喜卧，猝死。病程稍长者，后肢强直、弓背，行走摇晃，肌肉发抖，步幅短而呈现痛苦状，有时两前肢跪地移动，后躯麻痹。部分仔猪出现转圈运动或头向侧转。心跳加快，心律失常，最后因呼吸困难、心力衰竭而死亡。

营养性肝病多见于 3 周龄至 4 月龄的小猪，急性病猪体况良好、生长迅速，常常不表现症状就突然死亡。病程较长者则出现精神抑郁、食欲减退、呕吐、腹泻症状。有的呼吸困难，耳及胸、腹部皮肤发绀，后肢衰弱，臀和腹部皮下水肿。病程长者，多表现腹胀、黄疸和发育不良。

出现桑葚心的仔猪外观健康，但在几分内突然死亡。体温无变化，心跳加快，心律失常。有的病猪皮肤出现不规则的紫红色斑点，多见于两肢内侧，有时甚至遍及全身。

【病理变化】 白肌病病猪，剖检骨骼肌特别是后躯臀部肌肉和股部肌肉色淡呈灰白色条纹，膈肌呈放射状条纹，切面粗糙不平，有坏死灶。心包积水，心肌色淡。

急性营养性肝病病猪肝脏呈紫黑色，肿大 1～2 倍，质脆易碎，呈豆腐渣样，慢性病猪肝脏表面凹凸不平，体积缩小，质地变硬。

桑葚心病猪，心肌有斑点状出血，心肌红斑密集于心外膜和心内膜下层，心脏外观呈紫红色，状如草莓或桑葚状，肺脏水肿，胃肠壁水肿，体腔内积有大量易凝固的渗出液，胸、腹水明显增多，透明呈橘黄色。

【诊　断】 根据病史、临床症状、病理变化，尤其是使用硒和维生素 E 治疗后效果显著即可确诊。必要时进行饲料、组织中硒和维生素 E 水平及血液谷胱甘肽过氧化物酶活性测定。

【类症鉴别】

①与猪水肿病的鉴别　两者均发生于仔猪，有四肢麻痹症状。不同点是：猪水肿病多发生于断奶仔猪，发病后口吐白沫，肌肉震颤，四肢呈游泳状划动，剖检胃底部肌层与黏膜层之间可见黄色胶冻样液体。

②与猪心性急死症的鉴别　两者均表现体温不高、突然死亡等症状。但猪心性急死症多发生于夏季，并以成年公猪多发。

③与猪血凝性脑脊髓炎的鉴别　两者均表现精神沉郁、共济失调、呼吸困难等症状。但猪血凝性脑脊髓炎具有传染性，多发生于 2 周龄以下仔猪，临床表现咳嗽、呕吐，剖检脑部可见充血、出血。

【预防措施】 仔猪日粮中的硒含量应达到 0.3 毫克/千克左右，妊娠猪日粮中的硒含量应达到 0.1 毫克/千克以上。妊娠猪、体重为 4.5～14 千克的仔猪和泌乳母猪，饲料中维生素 E 的需要量为 22 单位/千克饲料，其他猪为 11 单位/千克饲料。缺硒地区的妊娠猪，产前 15～25 天和仔猪出生后第二天起，每 30 天肌内注射 0.1%亚硒酸钠注射液 1 次，每次母猪注射3～5 毫升，仔猪注射 1 毫升。

【治疗方法】 发病仔猪肌内注射亚硒酸钠-维生素E注射液1～3毫升(每毫升含硒1毫克、维生素E 50单位),也可用0.1%亚硒酸钠注射液皮下或肌内注射,每次2～4毫升,间隔20日再注射1次,如能配合应用维生素E 50～100毫克肌内注射,效果更佳。

97. 怎样诊治猪亚硝酸盐中毒?

亚硝酸盐中毒是猪吃了煮熟或堆积腐烂的青绿饲料后,立即出现中毒或导致死亡的一种最急性中毒性疾病。本病往往在猪吃饱后不久发病,俗称饱潲病或饱油瘟。发病特征是皮肤黏膜呈现蓝紫色以及缺氧症状,猪常常在采食饲料后的15分钟至数小时内发病。

【发病原因】 煮沸青绿饲料时不搅拌,或在煮沸和煮沸后紧盖锅盖,煮完后放在铁锅容器中过夜或放置时间过长,以及青绿饲料堆积腐烂后易产生亚硝酸盐,当猪采食这样的饲料后会发生中毒性高铁血红蛋白血症,导致中毒死亡。

【临床症状】 发病急、病程短、救治困难,最急性病猪发病前虽然精神良好、食欲旺盛,但中毒后立即出现神态不安、站立不稳,最后倒地死亡。而急性病猪除显示不安外,还呈现呼吸困难、流涎、呕吐、挣扎鸣叫、脉搏快而细弱、全身发绀、体温正常或偏低、躯体末梢发冷等。耳尖、尾端血管中的血液量少而凝滞,刺破或截断时亦可渗出少量黑褐色血液。末期出现强直性痉挛,肌肉战栗,最后衰竭倒地死亡。

【病理变化】 病猪腹部膨满,口、鼻呈乌紫色,流出淡红色泡沫状液体,血液呈暗褐色,如酱油状,凝固不良,即使长时间暴露在空气中仍不能转成鲜红色。各脏器血管淤血,胃肠道有不同程度的充血、出血,黏膜易脱落,肠系膜淋巴结轻度出血，肝脏、肾脏呈暗红色。肺脏充血，气管和支气管黏膜充血、出血，管腔内充满红色泡沫状液体，心外膜、心肌有出血斑点。

【诊　断】 根据病猪的发病史、临床症状、饲料饲喂情况和血液缺氧症状可做出初步诊断，确诊可进行亚硝酸盐和血红蛋白测定。

【类症鉴别】 亚硝酸盐中毒与氟化物中毒在临床上均表现抽搐、震颤、昏迷、血液凝固不良等症状，但氟化物中毒病猪有角弓反张、惊恐、尖叫等症状。

【预防措施】 加强饲养管理，用白菜、甜菜叶等青绿饲料喂猪时，最好新鲜生喂，既保留了营养成分，又不致使猪发生中毒。如需煮熟饲喂，应加足火力，敞开锅盖，迅速煮熟，不断搅拌，不要闷在锅内过夜。贮存青绿饲料时应摊开存放，不要堆积，以免腐烂发酵而产生大量亚硝酸盐。如果饲料煮熟时加入少量食醋，既可杀菌，又能分解亚硝酸盐。

【治疗方法】 症状严重者，尽快剪耳、断尾放血，静脉或肌内注射1%美蓝注射液，剂量为1毫升/千克体重，或注射甲苯胺蓝，剂量为5毫克/千克体重。内服或注射维生素C 10～20毫克/千克体重，静脉注射10%～25%葡萄糖注射液300～500毫升，能够获得较显著的效果。发病轻者应安静休息，投服适量的糖水、牛奶或蛋清水。对呼吸困难、喘息不止的病猪，可注射山梗菜碱、尼可刹米等呼吸兴奋剂；对心脏衰弱者可注射安钠咖强心；对严重溶血者，先放血，后输液，并口服或静脉滴注肾上腺皮质激素，同时内服碳酸氢钠使尿液碱化，以防血红蛋白在肾小管内凝集。

98. 怎样诊治猪肉毒梭菌中毒症？

肉毒梭菌中毒症是人兽共患的一种中毒性疾病，猪发病后的特征为运动中枢神经和延髓麻痹，咀嚼、吞咽困难，肌肉无力。

【发病原因】 因采食腐烂饲料或被毒素污染的饲料和饮水而引起。由于饲料中毒素分布不均，因此并非采食了同批饲料的所有猪都会发生中毒，一般以膘肥体壮、食欲良好的猪发病较多。

【临床症状】 病猪精神委顿，食欲废绝，病初吞咽困难，唾液外流，前肢软弱无力，行走困难，继而后肢发生麻痹，倒地伏卧，不能起立，呼吸困难，可视黏膜发紫，最后由于呼吸麻痹，窒息而死。少数不死的病猪，经数周甚至数月才能完全康复。

【病理变化】 剖检仅见咽喉和会厌黏膜上有灰黄色覆盖物和出血点。胃肠黏膜、心内外膜亦有小出血点，肺脏充血、水肿，脑外膜充血。

【诊　断】 根据发病原因、临床症状、病理变化可做出初步诊断，确诊需取饲料及胃肠内容物做细菌学检查、毒素测定和毒素定型试验。

【类症鉴别】

①与猪霉玉米中毒的鉴别　两种中毒病猪均表现神经症状。不同点是：霉玉米中毒首先是有饲喂霉玉米史，中毒后才表现妊娠猪流产，成年猪食欲减退，消化不良，日益消瘦，发病严重时腹痛、腹泻、卧地不起、心跳加快、呼吸困难，最后中毒死亡。而肉毒梭菌中毒病猪表现吞咽困难、后肢麻痹、卧地不起、呼吸困难，最后窒息而死，起因是采食被梭菌毒素污染的

饲料和饮水。

②与猪传染性脑脊髓炎的鉴别　两者均表现神经症状，但猪传染性脑脊髓炎病猪表现共济失调，肌肉抽搐，肢体麻痹。而肉毒梭菌中毒病猪表现后肢麻痹、吞咽困难，最后窒息而死。

【预防措施】 可用肉毒梭菌铝胶灭活苗免疫接种，每头猪肌内注射 3～5 毫升，免疫期 6 个月。

加强饲养管理，注意保管好饲料，防止饲料淋雨霉烂，凡霉烂、腐败、变质的饲料和肉类禁止喂猪。

【治疗方法】 早期应用肉毒抗毒素血清治疗可获得较好效果，未确定毒型时，静脉或肌内注射多价抗毒素血清 30 万～100 万单位，以中和体内的游离毒素。此外，可采用以下对症疗法，5%碳酸氢钠溶液或 0.1%高锰酸钾溶液洗胃和灌肠，内服硫酸镁或硫酸钠等盐类泻剂，以清除消化道内的毒素。同时，使用支持疗法，5%糖盐水 250～500 毫升加樟脑磺酸钠注射液 5～10 毫升，25%维生素 C 注射液 2～4 毫升，静脉注射，同时补充 B 族维生素和维生素 C。

99. 怎样诊治猪黄曲霉毒素中毒？

黄曲霉毒素是黄曲霉的一种代谢产物，目前已发现黄曲霉毒素及其衍生物有 20 种，并以毒素 B_1、毒素 B_2、毒素 G_1 和毒素 G_2 的毒力最强，在紫外线照射下，毒素 B_1、毒素 B_2 发出蓝紫色荧光，毒素 G_1、毒素 G_2 发出黄绿色荧光。黄曲霉毒素不但具有致癌作用，而且可导致畜、禽和人类的肝脏损伤，其中以黄曲霉毒素 B_1 的致癌性最强。

【发病原因】 最易感染黄曲霉菌的是植物种子，包括花生、玉米、黄豆、棉籽等。黄曲霉菌最适宜的繁殖温度为

24℃～30℃，在 2℃以下和 40℃以上不能繁殖。最适宜繁殖的相对湿度为 80％以上。发生中毒是应用被黄曲霉菌感染的种子及其副产品作饲料所致。

【临床症状】 饲喂发霉饲料 5～15 天后出现症状，急性病猪表现精神委顿，食欲废绝，体温正常，后躯无力，走路蹒跚，黏膜苍白，粪便干燥，直肠出血，有时站立一隅或头抵墙下，既可在运动中突然发生死亡，又可在发病后 2 天内死亡。慢性病猪表现精神委顿，体温正常，走路僵硬，喜吃稀饲料和青绿饲料，啃食泥土、瓦砾，常常离群，头低下垂，弓背，粪便干燥，或狂躁兴奋不安，乱蹦乱跳，黏膜黄染。

【病理变化】 胸、腹腔急性大出血，浆膜表面可见淤血斑点，大腿和肩胛下部皮下肌肉出血。肠道出血，肝脏在其邻近浆膜部分有针尖状或淤斑状出血，心外膜和心内膜明显出血，脾脏通常无变化。慢性的则表现肝脏黄色脂肪变性，胸、腹腔积液，结肠浆膜呈胶样浸润，肾脏苍白肿胀，淋巴结充血水肿。

【诊 断】 根据饲喂饲料的情况，结合临床症状和病理变化可做出初步诊断，确诊需进行黄曲霉菌毒素的测定。

【类症鉴别】

①与猪脑脊髓炎的鉴别　两者均表现兴奋不安、角弓反张、昏睡等症状。不同点是：脑脊髓炎病猪奔走不停、眼睑不肿。

②与猪钩端螺旋体病的鉴别　两者均表现皮肤黄染、眼睑水肿、妊娠猪流产等症状。不同点是：钩端螺旋体病病猪呈现全身水肿，尿液先呈黄色，后变为红色或茶色。

【预防措施】 饲料原料要加强管理，玉米、花生收获时必须充分晒干，种子或油饼切勿放在阴暗潮湿处。发霉严重的饲料应全部废弃，轻度发霉饲料可先进行磨粉，然后按 1∶3

比例加入清水中浸泡，反复换水，直至浸泡饲料的水呈现无色为止。即使经过处理的饲料，饲喂量也要加以限制，每日每头猪不超过 0.5 千克。

【治疗方法】 发现中毒立即停喂发霉饲料，尽快喂给青嫩易于消化的饲料。内服盐类泻剂，如硫酸钠 50 克。静脉注射 40%乌洛托品注射液 20 毫升，必要时用盐酸氯丙嗪注射液 2 毫克/千克体重肌内注射，强心可用 10%安钠咖注射液 5～10 毫升。要想增强病猪抵抗力，再静脉注射 5%糖盐水 200～500 毫升。

100. 怎样诊治猪赤霉菌毒素中毒？

赤霉菌毒素中毒是猪采食了镰刀菌无性阶段的分生孢子期感染的小麦、玉米等谷物饲料后所产生的一种病害。

【发病原因】 赤霉菌毒素是赤霉菌感染小麦和玉米后，在其生长繁殖过程中产生的代谢产物，其中主要有 2 种毒素，即单端孢霉烯及其衍生物和玉米赤霉烯酮，前者可导致猪厌食、呕吐、流产及内脏器官的损伤，后者可导致猪生殖器官功能和形态学上的改变。

【临床症状】 以感染赤霉菌的小麦、玉米为饲料时，猪群玉米赤霉烯酮中毒的发病率可达 100%，但死亡率很低。母猪阴户肿胀、坚实、光滑，或明显突出。乳腺增生变大，子宫增生，阴道黏膜充血、发红、肿胀，严重时发生阴道垂脱，垂脱阴道充血、肿大，极易引起损伤和感染，部分病猪由于经常努责继发直肠脱出。小母猪出现发情症状，或发情周期延长。公猪和去势猪包皮水肿、乳腺肥大。中毒母猪不孕，妊娠母猪中毒后易造成流产、胎儿干尸化或胎儿被吸收等。

单端孢霉烯中毒时病猪拒食、呕吐、消化不良、腹泻、生长停滞，当胃肠、心脏、肺脏、膀胱、肾脏出现出血性损伤时，易导致中毒猪的死亡。单端孢霉烯中毒时往往伴有凝血酶原不足、凝血时间延长等特点。

【病理变化】 玉米赤霉烯酮中毒时的病理变化主要是阴道和子宫间质水肿，阴道和子宫黏膜上皮细胞分化为鳞状细胞的组织增生及变形，阴户、阴道、子宫颈壁及子宫肌层水肿增大，细胞器增生，细胞变大。子宫内膜增厚，黏膜下层间质性水肿，子宫内膜腺增生。小母猪的卵巢明显发育不全，虽有许多卵泡但没有黄体。乳头和乳腺明显增大，发情前期的小母猪乳腺实质的间质层水肿。单端孢霉烯中毒时的病理变化主要表现在肝脏、肾脏和肠道的出血和坏死性损伤。

【诊　断】 根据临床症状、病理组织学变化及是否有饲喂发霉饲料的病史等进行综合分析，可做出初步诊断，条件许可时可进行生物学接种、分离培养等鉴定方法。

【预防措施】 加强饲养管理，禁用发霉变质饲料喂猪，必须使用霉败变质饲料时，必须采用去霉法去除霉菌，且尽量少用以防中毒。

【治疗方法】 目前尚无特效疗法。发现中毒立即停喂发霉饲料，换用优质饲料，尽快排毒、解毒。急性中毒时，可采用0.1%高锰酸钾溶液、清水或弱碱溶液，进行洗胃和灌肠，强心补液。必要时口服硫酸镁或硫酸钠 30 克、植物油 150～200 毫升，以排除胃肠内容物；5%葡萄糖注射液或 5%糖盐水 100～250 毫升，加入维生素 C 0.5 克，静脉注射。肌内注射 10%安钠咖 5～10 毫升强心。

101. 怎样诊治猪黑斑病甘薯中毒？

黑斑病甘薯中毒又称霉烂甘薯中毒，是猪吃了发生黑斑病的甘薯及其制品所引起的中毒。

【发病原因】 甘薯贮存不当发生霉烂，霉烂变质甘薯中含有有毒成分（如甘薯酮、甘薯醇、甘薯宁），被猪采食后即可发生中毒。

【临床症状】 病猪精神沉郁，食欲废绝，可视黏膜发绀，口吐白沫，呼吸困难，心音减弱，先便秘后腹泻，排出含有黏液和血液的稀软恶臭粪便。中毒严重者运动障碍，步态不稳，出现前冲后撞的神经症状。

【病理变化】 肺脏水肿、气肿，胃肠黏膜充血、出血，易于脱落，肝脏肿大，胆囊充满胆汁。

【诊　断】 根据猪是否采食过黑斑病甘薯的病史和呼吸困难等临床症状，结合肺脏水肿、气肿的特征性病变即可做出诊断。

【预防措施】 加强甘薯的贮藏管理，甘薯收运时注意不要擦伤薯皮，防止甘薯感染黑斑病菌，地窖贮存时注意保温、密封、干燥，防止甘薯霉烂，禁用变质霉烂甘薯喂猪。

【治疗方法】 治疗原则是及时排除毒物、解毒、缓解呼吸困难。发病早期可采用1%高锰酸钾溶液或1%过氧化氢溶液洗胃、催吐，使用盐类泻剂排毒，静脉注射5%糖盐水和维生素C解毒，用硫代硫酸钠缓解呼吸困难。

102. 怎样诊治猪有机磷农药中毒?

猪接触、吸入或误食有机磷农药后导致的中毒性疾病称为有机磷农药中毒，临床上以体内胆碱酯酶活性被抑制，乙酰胆碱蓄积，胆碱能神经兴奋为特征。

【发病原因】 猪采食喷洒过有机磷农药（如乐果、敌百虫）的蔬菜和其他作物，或使用敌百虫给猪驱虫时用量过大，以及外用敌百虫治疗疥癣被猪舔食后均可引起中毒。

【临床症状】 猪经吸入、食用或接触有机磷农药后数小时突然发病，出现精神沉郁、全身无力、不愿走动、口吐白沫、磨牙、肌肉震颤、呼吸加速、心跳加快、瞳孔缩小、卧地不起、排便和排尿失禁等症状，最后窒息死亡。

【病理变化】 剖检胃内有明显大蒜样异味，胃肠黏膜充血、出血，易于脱落，肺脏水肿，气管、支气管充满大量液体。肝脏、脾脏肿大，心外膜有出血点。

【诊　断】 根据病猪有无与有机磷农药接触史，结合瞳孔缩小、肌肉震颤、口吐白沫等典型临床症状，再通过用解磷定、阿托品治疗后效果比较明显，即可做出诊断。

【类症鉴别】

①与猪食盐中毒的鉴别　两者均表现食欲减退、呕吐、腹泻、口吐白沫、肌肉震颤、步态不稳等症状。不同点是：食盐中毒病猪腹部皮肤发绀，饮欲大增，尿量极少甚至无尿，瞳孔散大，剖检胃内无大蒜样异味，但有采食过量食盐史。

②与猪氟乙酰胺中毒的鉴别　两者均表现呕吐、兴奋、呼吸加快、四肢抽搐等症状。不同点是：氟乙酰胺中毒病猪惊叫不安、横冲直撞、肌肉松弛、瞳孔散大。

【预防措施】 农药要妥善保管，凡喷洒过有机磷农药的农作物和蔬菜短时间内不能喂猪，用农药驱除猪体内外寄生虫时一定严格控制用药剂量。

【治疗方法】 首先使用特效解毒药，如解磷定 0.02～0.05 克/千克体重，溶于 5%糖盐水中静脉或腹腔内注射；双复磷 0.04～0.6 克/千克体重，溶于生理盐水中，皮下、肌内或静脉注射，尽快除去尚未吸收的毒物。然后采取对症疗法，如病猪出汗、腹泻时补液；注射阿托品兴奋呼吸中枢，解除有机磷对呼吸中枢的抑制，清除呼吸道分泌物，防止肺脏水肿；出现抽搐症状可灌服镇静剂水合氯醛。

103. 怎样诊治猪食盐中毒？

猪食盐中毒是饲喂食盐含量过高的饲料、泔水导致的以神经症状和消化系统功能紊乱为特征的中毒性疾病。

【发病原因】 由于采食大量含盐的泔水，或因饲料中添加不合格的鱼粉或配料错误而导致猪发病。

【临床症状】 病猪中枢神经系统呈现兴奋状态，不安、兴奋、转圈、前冲、后退，肌肉痉挛、震颤，齿唇不断发生咀嚼运动，口角流出少量白色泡沫。饮欲增加，常找水喝，直至意识紊乱而忘记饮水。体温正常，眼和口腔黏膜充血、发红，尿量减少，昏迷倒地，常于发病后1～2天死亡。

【病理变化】 胃黏膜出现溃疡，脑、脊髓各部有不同程度的充血、水肿，急性病猪的软脑膜、大脑实质和皮质可见明显的脑回展平，出现水样光泽。

【诊　断】 根据病猪有无采食过量食盐的病史，且体温正常，有突出的神经症状，同时结合病猪尸体剖检，如能在脑组织中发现嗜酸性粒细胞浸润现象，即可做出初步诊断，确诊需测定胃肠内容物的食盐含量。

【类症鉴别】

①与猪传染性脑脊髓炎的鉴别　两者均表现痉挛、转圈、角弓反张等症状。不同点是：猪传染性脑脊髓炎有传染性，病猪四肢僵硬，但饮欲不强。

②与猪流行性乙型脑炎的鉴别　两者均表现食欲不振、呕吐、心跳加快等症状。不同点是：猪流行性乙型脑炎发病有一定的季节性，母猪表现流产，公猪表现睾丸炎，无采食含食

盐过多饲料的病史。

【预防措施】 日粮中盐分的含量不超过0.5%，供给充足的清洁饮水，用泔水、咸鱼等作饲料时应注意与其他饲料合理搭配，盐分含量不能过高。每日食盐用量大猪不超过15克，中猪不超过10克，小猪不超过5克。

【治疗方法】 停喂含盐分过多的饲料，急性中毒的开始阶段，严格控制给水，以免促进食盐的吸收和扩散，导致症状加剧，洗胃后用植物油缓泻。轻度中毒者供给充足饮水，或灌服大量温水或糖水。另外，可用5%葡萄糖注射液500毫升，加入100～150毫升生理盐水，并加入适量的钾和钙灌服补液。中毒严重时可静脉注射5%～7%葡萄糖注射液200～500毫升。补液时如果肺部出现啰音则可能发生心力衰竭和肺水肿，应减速补液或停止补液，静脉注射双氢克尿噻或速尿40～60毫克等进行辅助治疗。另外，需镇静、镇痉时可肌内注射安定，也可静脉注射25%硫酸镁注射液10～20毫升，或10%葡萄糖酸钙注射液10～20毫升和5%溴化钙注射液5～10毫升。

104. 怎样诊治猪磷化锌中毒？

磷化锌是常用的灭鼠药和熏蒸杀虫剂，猪磷化锌中毒是由于猪误食灭鼠毒饵或被磷化锌污染的饲料而造成的中毒。

【发病原因】 猪误食磷化锌后，磷化锌在胃酸的作用下释放出剧毒的磷化氢气体，被消化道吸收后，进入肝脏、心脏、肾脏以及横纹肌等组织内，引起上述组织的细胞发生变性、坏死，在肝脏和血管遭受损害的基础上，发展成全身广泛性出血，直至休克和昏迷。

【临床症状】 病猪精神委顿、食欲废绝，寒战、呕吐、腹泻、腹痛。呕吐物和粪便有大蒜味，心动徐缓，意识障碍，抽搐，呼吸困难。严重中毒时呈现昏迷、惊厥、黄疸、血尿、肺水肿、心肌损伤、呼吸衰竭等，最后导致死亡。

【病理变化】 病猪胃内散发出带蒜味的异常臭气，如将内容物移置暗处可见有磷光出现。胃肠道呈现充血、出血，肠黏膜脱落。肝脏、肾脏淤血、混浊肿胀，肺脏间质水肿，气管内充满泡沫状液体。

【诊　断】 根据临床症状和病理变化很难与其他中毒病区分，必要时对呕吐物、胃内容物、剩余饲料进行毒物分析（即磷化氢和锌的测定）。

【预防措施】 加强饲养管理，做好饲料的保管和调制工作，防止将磷化锌掺入饲料中，猪场用毒饵杀鼠时，应指定专人负责，将毒饵放置于老鼠常出入的地方，防止被猪误食。

【治疗方法】 首先灌服1%～2%硫酸铜溶液20～50毫升催吐，或用0.1%高锰酸钾溶液20毫升洗胃，将毒物排出，也可用硫酸镁、硫酸钠等药物缓泻，同时静脉注射5%糖盐水300～500毫升，肌内注射10%安钠咖注射液5～10毫升强心。为防止血液中碱储量降低，可静脉注射5%碳酸氢钠注射液30～50毫升，切忌使用油类泻剂。

105. 怎样诊治猪氟乙酰胺中毒?

氟乙酰胺纯品为白色针状结晶，无臭无味，易溶于水，常用于防治农作物虫害和灭鼠，是一种有机氟农药。

【发病原因】 猪误食灭鼠毒饵或喷洒过氟乙酰胺的农作物和青绿饲料，或将含氟乙酰胺的农药误混入饲料，当猪食用后即可引起中毒。

【临床症状】

①急性中毒　潜伏期4～12小时，发病突然，病猪表现惊恐、尖叫，向前直冲，全身颤抖，四肢抽搐，结膜充血，瞳孔散大，角弓反张，呕吐，呼吸抑制，循环衰弱，倒地后很快死亡。

②累积中毒　潜伏期3～5天，发病初期病猪减食，活动减少，结膜充血，继而因外界刺激出现狂跳狂跑，不躲避障碍物，狂跑后倒地抽搐，全身颤抖，呼吸和心跳加快，持续3～5分钟，往往在抽搐中因呼吸困难、循环衰竭而死亡。

【病理变化】　血液凝固不良，心脏扩张，心外膜有散在小出血点，肺脏充血，胃肠黏膜充血，部分黏膜脱落，肝脏淤血，局部变性和坏死，脑膜充血水肿。

【诊　断】　根据病史、临床症状、病理变化和饲料毒源分析，可做出初步诊断，确诊需进行毒物化验和测定。

【预防措施】　注意保管好饲料，被氟乙酰胺污染的草料不要让猪采食，中毒死亡的动物尸体要深埋。

【治疗方法】　解氟灵（乙酰胺）是氟乙酸胺中毒的特效解毒剂，每日剂量为0.3～0.6克/千克体重，分2～4次注射，首次量为日用量的一半，同时用0.02%高锰酸钾溶液或肥皂水反复洗胃，用40～60克硫酸镁或硫酸钠加水500毫升灌肠。对症治疗可肌内注射盐酸氯丙嗪2毫克/千克体重、尼可刹米0.5～1克/千克体重或氨茶碱0.2～0.4克/千克体重，以缓解呼吸抑制症状，控制病猪抽搐。

106. 怎样诊治猪马铃薯中毒？

猪马铃薯中毒是由于猪采食了发芽、腐烂或存放期过长的马铃薯所产生的一种病理现象。

【发病原因】　马铃薯含有一种有毒的生物碱，即马铃薯素，也称为龙葵素。成熟的马铃薯龙葵素含量很低，一般不会引起中毒。当存放时间过长时，龙葵素含量增加，存放 18 个月的马铃薯龙葵素含量可达 1.3％，发芽、腐烂变质的马铃薯龙葵素含量高达 1.84％，当猪采食了上述马铃薯时则极易导致中毒。

【临床症状】 猪采食后 4～7 天出现中毒症状，中毒严重时，初期病猪兴奋不安、狂躁，不顾任何障碍向前冲撞，并伴有呕吐和腹痛症状。短期兴奋后转为精神沉郁，四肢麻痹，后肢软弱，走路摇摆，呼吸微弱、喘气，可视黏膜发绀，心脏衰弱，瞳孔散大，多数在 3 天后死亡。中毒轻微时，主要表现为胃肠炎症状，如呕吐、腹泻、腹痛、食欲减退，并伴有体温升高症状，病猪低头呆立，头、颈、眼睑部位发生水肿。妊娠猪中毒时易导致流产。

【病理变化】 实质器官常见出血，肝脏、脾脏肿大，淤血、出血，心脏内充满凝固不良的暗黑色血液，偶见肾炎变化。胃肠黏膜充血、潮红、出血，上皮细胞脱落。

【诊　断】 根据临床症状、病理组织学变化及是否有饲喂马铃薯的病史等，进行综合分析，可做出初步诊断。

【预防措施】 最好不用发芽、腐烂变质的马铃薯作猪饲料，必须饲喂时，应进行无害化处理，充分煮熟后与其他饲料搭配饲喂，发芽的马铃薯要去除幼芽，煮过马铃薯的水不能饮用，饲喂量应逐渐增加。

【治疗方法】 发现中毒时应立即停喂马铃薯并更换饲料，灌服 1％硫酸铜溶液 20～50 毫升，或皮下注射阿扑吗啡 10～20 毫克以排除胃内容物。对兴奋不安的病猪可灌服溴化钠 5～15 克，或静脉注射 10％溴化钠注射液 10～20 毫升，每日 2 次。中毒严重的病猪可静脉注射 5％～10％葡萄糖注射液或5%糖盐水200～500毫升。胃肠炎病猪可灌服1%鞣酸溶液100～400毫升。

107. 怎样诊治猪磺胺类药物中毒？

磺胺类药物是一类抗菌谱广、性质稳定、价格低廉、使用方便的常用药物。

【发病原因】 在治疗猪各种疾病过程中，如果磺胺类药物使用不当或用量过大均可引起药物中毒。

【临床症状】 病猪精神沉郁，被毛粗乱，食欲减退，后肢无力，腹泻、排稀便，中毒严重的病猪卧地不起直至死亡。

【病理变化】 皮下可见淡黄色液体并有出血斑点，淋巴结肿大呈暗红色，肾脏呈土黄色，肾盂内可见到黄白色磺胺结晶沉淀物。

【诊　断】 根据发病猪是否用过磺胺类药物，结合临床症状和剖检后肾盂内的黄白色结晶沉淀物，即可做出诊断。

【预防措施】 使用磺胺类药物过程中，一定要注意控制其疗程和用量，一旦出现中毒症状立即停药。

【治疗方法】 发现磺胺类药物中毒就要及时内服1%～2%硫酸铜溶液20～50毫升催吐，用0.01%高锰酸钾溶液洗胃，用硫酸钠或硫酸镁10～30克下泻，静脉注射10%葡萄糖注射液200～500毫升和维生素C 0.5克以补液解毒。

108. 怎样诊治猪土霉素中毒？

土霉素是治疗和预防疾病的常用抗菌药物，如果一次用量过大或服用时间过长亦可引起中毒。

【发病原因】 土霉素进入机体后，吸收快，排泄慢，所以治疗和预防猪的某种疾病时，一次大剂量服用或持续长时间服用即可引起猪只中毒。

【临床症状】 病猪狂躁不安，口吐白沫，肌肉震颤，呼吸困难，耳尖发凉，中毒严重时瞳孔散大，心力衰弱，最后引起死亡。

【病理变化】 肝脏、肾脏损伤，胃肠出血。

【诊　断】 根据是否用过土霉素药物和所表现的临床症状即可做出诊断。

【类症鉴别】

①与猪食盐中毒的鉴别　两者均表现口吐白沫、肌肉震颤、瞳孔散大等症状。不同点是：食盐中毒病猪虽然表现口渴，饮水量大，但尿量极少，病猪先兴奋后昏迷。有大量采吃食盐病史。

②与猪破伤风的鉴别　两者均表现肌肉震颤、口吐白沫等症状。不同点是：破伤风病猪表现牙关紧闭、两耳直立、四肢强直、行走困难等症状，且大多数病猪以死亡而告终。

【预防措施】 加强药物管理，必须使用土霉素时，应严格控制服药时间和用药剂量。中毒后紧急注射碳酸氢钠、5%糖盐水，口服碳酸氢钠、硫酸钠或5%糖盐水，促进土霉素排出。

109. 怎样诊治猪酒糟中毒？

酒糟是酿酒后的残渣，是养猪的良好饲料，但如果大量使用或猪误食大量腐败酒糟，即可引起猪酒糟中毒。

【发病原因】 酒糟中含有酒精、龙葵素、麦角毒素、麦角胺等有毒成分，尤其是酒糟腐败变质后内含游离酸和杂醇油，如果给猪饲喂这样的酒糟即可引起中毒。

【临床症状】 初期病猪精神沉郁，食欲减退，体温不高，粪便干，有时腹泻，后期出现体温升高，兴奋不安，行走不稳，四肢麻痹，卧地不起，心搏加快，呼吸困难，体温下降，最后病猪虚脱死亡。

【病理变化】 病猪胃肠黏膜充血、出血，肠系膜淋巴结肿大出血，肺脏充血水肿，心内膜出血，肝脏和肾脏肿胀、质地变脆。

【诊 断】 根据有无长时间饲喂酒糟和酸败酒糟病史，结合临床症状和病理变化，综合分析后即可做出诊断。

【类症鉴别】

①与猪棉籽饼中毒的鉴别 两者均表现体温升高、尿血、腹泻、剖检胃内容物呈土褐色等症状。不同点是：棉籽饼中毒病猪精神不振，弓背，后肢软弱，剖检胸、腹腔有红色渗出物。

②与猪钩端螺旋体病的鉴别 两者均表现体温升高、黏膜黄染、血尿等症状。不同点是：钩端螺旋体病病猪全身水肿，剖检可见皮下组织黄疸，膀胱内有血红蛋白尿。

③与猪胃肠炎的鉴别 两者均表现体温升高、腹泻等症状。不同点是：胃肠炎病猪呕吐，粪便具腥臭味，剖检胃壁变薄，胃内无酒味。

【预防措施】 加强饲养管理，控制酒糟食用量，尽量饲喂新鲜酒糟，或与其他青绿饲料搭配使用，避免发生中毒。

【治疗方法】 发现中毒立即停喂酒糟，并内服1%～3%碳酸氢钠溶液500～1000毫升，或灌服植物油300～400毫升，对兴奋不安的病猪可静脉注射10%水合氯醛注射液10～15毫升镇静。

110. 怎样诊治猪棉籽饼中毒？

【发病原因】 棉籽饼中含有多种棉籽毒素，如果给猪长时间饲喂过量棉籽饼就可能导致中毒，严重者可造成中毒猪死亡。

【临床症状】 病初病猪体温正常，精神沉郁，食欲减退，四肢软弱，行走困难，摇摆不定，视觉障碍，耳尖、尾部、皮肤发绀。消化功能紊乱，粪便呈黑褐色，先便秘后腹泻，粪便中混有黏液和血液。发病后期体温升高，腹下、四肢水肿，肺脏水肿，心力衰竭，排尿困难，呈现血尿或血红蛋白尿。妊娠猪流产，发病严重者，病后当天或2～3天死亡。

【病理变化】 肝脏充血肿大、变色，肺脏充血水肿，肺门淋巴结肿大，气管内有血样气泡，胸腔和腹腔有黄色渗出液，胃肠黏膜有卡他性或出血性炎症。

【诊　断】 根据病猪有无多饲和长期饲喂棉籽饼的病史，结合临床症状和病理变化综合分析后可做出诊断。

【类症鉴别】

①*与猪菜籽饼中毒的鉴别*　两者均表现食欲减退、精神不振、弓背、后肢软弱、便血等症状。不同点是：菜籽饼中毒时，病猪排尿困难、尿频、尿血，剖检肝脏肿大，肾脏淤血。

②*与疹块型猪丹毒的鉴别*　两者均表现体温升高、皮肤有疹块。不同点是：疹块型猪丹毒病猪皮肤上的疹块形状呈菱形，突出于皮肤表面。

【预防措施】 加强饲养管理，限量使用棉籽饼（成年猪每天饲喂量不超过日粮的5%），哺乳猪和小猪最好不喂棉籽饼。在饲喂棉籽饼时要增加日粮中蛋白质、维生素、矿物质、青绿饲料的用量，此外在加工棉籽饼时应注意加热减毒、加铁去毒。

【治疗方法】 发病后立即停喂棉籽饼，初期用0.1%高锰酸钾溶液或3%碳酸氢钠溶液洗胃，内服硫酸镁和硫酸钠等泻剂10～30克，加速毒物排出。后期对症治疗，如发生胃肠炎时就使用消炎剂、收敛剂，为阻止渗出、增强心脏功能应补充营养和解毒。

111. 怎样诊治猪菜籽饼中毒？

菜籽饼是一种蛋白质饲料，如果不加处理，长期或过多饲喂后，即可引起猪只中毒。

【发病原因】 菜籽饼虽然营养丰富，蛋白质含量较高，但其中含有芥子苷、芥子酸钾、芥子酶和芥子碱，尤其是芥子苷在芥子酶的作用下，可水解形成异硫氰酸丙烯酯或丙烯基芥子油等有毒成分，如果菜籽饼不经处理，大量或长期饲喂就可能引起中毒。

【临床症状】 病猪精神不振，食欲减退或废绝，站立不稳，腹痛、腹泻，粪便带血。排尿次数增多，排血尿，耳尖、蹄部发凉，可视黏膜发绀。鼻孔流出粉红色泡沫状液体，咳嗽、呼吸困难，心搏加快，瞳孔散大，体温偏低，妊娠猪流产，最后因心力衰竭而死亡。

【病理变化】 血液凝固不良如漆样，胃内可见少量凝血块，肠黏膜充血、出血，肾脏出血，肝脏充血、肿大、变色，肺脏水肿、间质增厚，切面空腔内有多量泡沫状液体溢出，心内外膜有点状出血。

【诊　断】 根据病猪是否饲喂过菜籽饼以及饲喂的时间长短，结合发病后出现胃肠炎和排血尿等特征性临床症状和病理变化，即可做出初步诊断。

【类症鉴别】

①与猪酒糟中毒的鉴别　两者均表现食欲不佳、腹痛、腹泻、呼吸困难、尿色发红等症状。不同点是：酒糟中毒病猪表

现兴奋不安，昏迷，卧地不起，剖检胃内见有酒糟，鼻闻有酒味，胃肠黏膜充血，有出血点。

②与猪棉籽饼中毒的鉴别　两者均表现精神沉郁、体温不高、弓腰、走路摇摆、排血便等症状。不同点是：棉籽饼中毒病猪胸腹下水肿，嘴、尾根皮肤发绀，剖检肾脏脂肪变性，肾盂脂肪肿大，膀胱内充满尿液，且有大量和长时期采食棉籽饼的病史。

【预防措施】　加强饲养管理，限量饲喂菜籽饼，饲喂前通常要对菜籽饼进行去毒处理，具体的去毒方法有坑埋脱毒法和发酵中和法。

【治疗方法】　发现菜籽饼中毒应立即停喂菜籽饼，改喂其他蛋白质饲料。必要时灌服0.1%高锰酸钾溶液、蛋清和牛奶。另外，还可以适当使用一些维生素C、维生素K和肾上腺皮质激素来强心、保肝、预防肺水肿。

112. 怎样诊治猪有机氯农药中毒？

猪误食被有机氯农药污染的饲料而引起的中毒即为有机氯农药中毒。

【发病原因】　猪误食被有机氯杀虫剂（毒杀芬、狄氏剂）污染的农作物或用有机氯农药驱虱时浓度过高均可引起猪只有机氯农药中毒。

【临床症状】　中毒猪表现兴奋不安，后躯麻痹，口流白沫，呕吐，腹泻，最后因心力衰竭而死亡。

【病理变化】　病猪胃充血、出血，肠道充血，淋巴结肿大，肝脏肿大坏死，肺脏水肿。

【诊　断】　根据病猪有无与有机氯农药的接触史，再结合临床症状和病理变化，综合分析后可以做出诊断。

【预防措施】 禁止猪接触被有机氯农药污染的饲料和饮水。

【治疗方法】 如皮肤与有机氯制剂接触可用温水或肥皂水清洗。误服首先要洗胃，灌服硫酸镁 10～30 克，同时进行对症治疗，静脉注射 10%葡萄糖注射液 200～500 毫升、维生素 C 0.5 克保肝解毒，肌内注射 10%安钠咖注射液 5～10 毫升以强心利尿。

113. 怎样诊治猪砷及砷化物中毒?

猪采食被砷及砷制剂污染的饲料，或服用含砷及砷制剂的药物过量，从而引起的中毒称为砷及砷化物中毒。

【发病原因】 由于杀虫药、灭鼠药和兽药中，常常含有砷及其化合物，当这些有毒成分污染饲料后被猪误食，或过量饲喂此类药物即可引起猪只中毒。

【临床症状】 病猪流涎，呕吐，腹痛、腹泻，粪便中混有血液或脱落的黏膜，可视黏膜发绀。随着病情的发展病猪表现兴奋不安，肌肉震颤，共济失调，步态蹒跚，后躯麻痹，体温下降，呼吸衰竭，进而引起死亡。

【病理变化】 病猪胃肠道黏膜充血、出血、水肿、糜烂，心脏、肝脏、肾脏等实质器官脂肪变性，胸膜、心内外膜、膀胱有点状或弥漫性出血。

【诊　断】 根据病猪有无与砷及砷化物接触的病史，结合临床症状、病理变化可做出初步诊断，确诊需取发病猪的呕吐物或胃内容物进行毒物分析。

【预防措施】 加强农药的使用与管理，防止含有砷的农药污染饲料，喷洒过含砷农药的农作物或牧草要间隔一定时间才可喂猪。用砷制剂治疗疾病时，要严格控制剂量和疗程。

【治疗方法】 首先使用氧化镁洗胃，同时注入巯基类化合物。可用二巯基丙醇 2～5 毫升，分点肌内注射，首日每 4 小时注射 1 次，以后每日 1 次，连用 6 天。或用二巯基丙磺酸钠，肌内注射，3～5 毫克/千克体重，首日注射 3～4 次，以后每日 1 次，连用 6 天。必要时对病猪进行对症治疗。

六、猪普通病的诊治

114. 怎样诊治猪消化不良？

猪消化不良是以胃肠消化吸收功能降低，食欲减退或停止，仔猪发病率高为临床特征的一种消化系统疾病。

【发病原因】 饲养管理不当，喂饮失时，采食过饱或过饥，饲料种类、圈舍温度、饲养顺序和喂养方法突然改变，饲料粗硬、发霉或混有泥沙，误用刺激性药物以及其他疾病（如非典型性猪瘟）的发生均可导致猪消化不良。

【临床症状】 病猪精神不振，食欲减退，体温正常，有并发症时出现发热，病情严重时食欲虽然大减或废绝，但贪饮，饮后又呕吐。排稀便，粪便中有黏液或血丝，污染肛门，如果治疗不及时常转化为肠炎导致死亡。

【诊 断】 根据饲养管理情况和临床症状，一般可做出诊断。

【预防措施】 加强饲养管理，改善饲喂方式，发病后少食或停食 1～2 天，给病猪饲喂易消化的饲料。

【治疗方法】 首先清理病猪胃肠，灌服人工盐或植物油，然后用酵母片或大黄苏打片、大黄末、龙胆粉、小苏打等药物健胃，如果发生腹泻可灌服鞣酸蛋白或次硝酸铋，如出现炎症可肌内注射合霉素，内服磺胺脒予以消炎。

115. 怎样诊治猪胃肠炎？

猪胃肠炎是猪胃和肠黏膜及黏膜下层组织发生炎症的一

种表现。

【发病原因】 突然改变饲料和饲喂方式，如温食变为凉食，饲料不洁，采食过饱，饲料变质或误食有毒植物、化学药品等，均可导致猪发生胃肠炎。

【临床症状】 病猪精神沉郁，食欲废绝但饮欲亢进，可视黏膜初期呈暗红带黄色，后期变为紫色，体温升高，常有呕吐、腹泻，粪便稀软呈水样或糊状。

【诊　断】 根据病猪食欲紊乱、呕吐、腹泻、粪便中有黏性分泌物等临床症状即可初步诊断为猪胃肠炎。

【类症鉴别】

①与猪酒糟中毒的鉴别　两者均表现体温升高、腹痛、腹泻等症状。不同点是：酒糟中毒病猪狂躁不安，肌肉震颤，步态不稳，胃内容物有酒味。

②与猪棉籽饼中毒的鉴别　两者均表现体温升高、粪干带血、尿量少等症状。不同点是：棉籽饼中毒时，病猪嘴发绀、肌肉震颤，有时呼吸困难。有过量和长时间采食棉籽饼的病史。

③与猪消化不良的鉴别　两者均表现精神不振、食欲减退、腹泻等症状。不同点是：消化不良病猪体温不高，粪便时干时稀，全身状况比患胃肠炎的猪好。

【预防措施】 加强饲养管理，不要任意改变饲料和饲喂方式，发病后立即停喂发霉变质饲料，改喂易消化饲料。

【治疗方法】 口服黄连素（0.2～0.5 克/次）、庆大霉素（5～10 毫克/千克体重）等药物消炎，口服人工盐、石蜡油缓泻，口服木炭末、矽炭银片、鞣酸蛋白、次硝酸铋止泻。由于脱水、自体中毒、心力衰竭是急性胃肠炎的致死因素，所以对发病猪要进行补液、解毒（静脉注射 5%糖盐水或温生理盐水灌肠）和强心、利尿（皮下注射安钠咖 0.5～1 克或樟脑油 2～4 毫升）。

116. 怎样诊治猪胃溃疡？

猪胃溃疡是指猪胃黏膜糜烂坏死后形成的溃疡病灶。

【发病原因】 饲料中某些维生素（如维生素 E、维生素 B_1）、微量元素（硒、铜）缺乏，长期饲喂高能量饲料，饲料调制不当，粉碎过细，过冷、过热、发霉，或某些传染病（如猪瘟、猪丹毒）和寄生虫病发生时，均可引起胃溃疡。

【临床症状】 临床上分为最急性型、急性型、亚急性型和慢性型。最急性型突然发病，病猪胃部大出血，多以死亡而告终，尸体苍白，比较少见。急性型则表现贫血、体表苍白，呼吸加快，排干粪、血粪，并出现呕吐。亚急性型和慢性型发病时间比较长，病猪食欲减退，消瘦，体重减轻，贫血，腹泻，排出黑色粪便。

【诊　断】 根据发病原因，结合临床症状，即可做出初步诊断，确诊需进一步剖检和用特殊仪器检查。

【类症鉴别】 猪胃溃疡与猪消化不良在临床症状上较为相似，易于混淆，应注意鉴别。消化不良病猪贪饮，饮后又呕吐，排稀粪，无腹痛现象，胃壁不见溃疡灶。

【预防措施】 改善饲养管理，饲料中适当增加粗饲料的比例和硒与维生素 E 的含量。

【治疗方法】 根据发病原因和所表现的临床症状，实施有针对性的治疗，如因饲料品质不良或管理不善导致，应改善管理条件，改变饲料品质，喂给易于消化的饲料。如发生腹泻，可调理胃肠，使用止血和消炎止泻药物。

117. 怎样诊治猪腹膜炎？

猪腹膜炎是由细菌感染所引起的腹腔内膜发炎。

【发病原因】 由于外伤、阉割或其他手术后，细菌经伤口感染后引起发病。根据病程长短，腹膜炎可分为急性型和慢性型 2 种；根据损伤范围，分为局限性和弥散性 2 种。

【临床症状】 急性腹膜炎多属弥散性腹膜炎，临床表现为体温升高、精神不振、口渴贪饮、腹痛喜卧、胸式呼吸、心悸亢进等，病程比较短，多在 12～24 小时死亡。慢性腹膜炎多属局限性腹膜炎。体温、呼吸、心搏、食欲无明显变化，仅在炎症范围扩大时，体温轻度升高，剖检发炎部位结缔组织增生，腹膜变厚并与附近器官粘连。

【诊　断】 根据发病原因，结合病猪临床症状，可以做出诊断。

【预防措施】 加强饲养管理，增强机体抗病能力，做腹部手术时应严格消毒，防止细菌感染。

【治疗方法】 青霉素、链霉素、磺胺类药物可控制炎症，静脉注射氯化钙可减少渗出，如果腹腔已有大量渗出液或已经化脓时应及时腹腔穿刺，排出脓液和渗出液，必要时用 0.1%雷佛奴尔溶液充分洗涤腹腔后注入青霉素和链霉素稀释液。

118. 怎样诊治猪支气管炎？

猪支气管炎是支气管表层和深层发生炎症的一种疾病。

【发病原因】 气候突变、猪舍潮湿、猪群拥挤、寒冷刺激、化学物质及有害气体侵袭等因素均可导致支气管发炎。

【临床症状】 病猪流鼻液，咳嗽，发热，呼吸困难，如发病时间延长，可引起消瘦，行走摇摆，气喘，腹式呼吸。

【诊　断】 根据病史，结合临床症状，必要时通过X线检查可做出诊断。

【预防措施】 加强饲养管理，供给营养丰富、容易消化的饲料，注意圈舍的清洁卫生和通风透光，防潮湿，搞好小猪的保暖、防寒工作。

【治疗方法】 发病初期气管内有炎性渗出物可用镇咳、去痰药物（肌内注射麻黄素，内服氯化铵、复方甘草合剂），发现炎症、体温升高可注射解热药物（如氨基比林、双氯芬酸钠）和抗菌药物（如强力霉素、庆大霉素、青霉素、链霉素）。

119. 怎样诊治猪中暑？

中暑是日射病与热射病的总称，是由于猪体产热过多或散热减少所引起的全身体温过高症。

【发病原因】 猪在炎热的夏季，长时间受太阳光照射，或生活在潮湿闷热的环境中，导致猪中枢神经系统功能紊乱，引起中暑。

【临床症状】 发病突然，病猪体温升高，可视黏膜潮红发暗，心搏加快，呼吸变粗，烦躁不安，口吐白沫，卧地不起，最后昏迷，倒地死亡。

【诊　断】 根据发病季节为夏季，病猪生活在炎热、潮湿的环境，结合突然发病、快速死亡的症状，即可做出诊断。

【预防措施】 加强饲养管理，夏季猪舍要求通风良好，保证供给充足的饮水和易于消化的饲料，饮水中经常添加抗应激药物（如多种维生素和电解质），以防中暑发生。

【治疗方法】 采取防暑降温措施，并应对症治疗。发现中暑，立即将病猪移至阴凉通风的环境中，尽快用冷水浇洒头部和全身，同时耳尖、尾部放血。必要时静脉注射5%糖盐水以防脱水，待病情稳定后内服清热解毒药物以巩固疗效。

120. 怎样诊治僵猪症？

僵猪症是由于先天性发育不良和后天性营养不足等原因，导致仔猪采食饲料而不生长的一种疾病。

【发病原因】 由于母猪妊娠阶段营养不良，致使胎儿发育受阻，仔猪哺乳期母猪乳汁不足，仔猪断奶后营养不良，饲料单一，特别是缺乏蛋白质和矿物质饲料均可引起本病。另外，某些慢性疾病（如仔猪副伤寒、仔猪白痢、蛔虫病等）也可引起仔猪生长发育不良形成僵猪。在种猪未成熟时开始繁殖配种，其后代易成为僵猪，生长缓慢或体质较弱。

【临床症状】 病猪被毛粗乱，结膜苍白，采食饲料体重却不增加，体格小，脑袋大，肚子大，弓背缩腹，便秘和腹泻交替发生，无论猪饲养多长时间都达不到出栏标准（体重达到100千克）。

【诊　断】 根据发病原因，结合临床症状可做出初步诊断。

【预防措施】 加强妊娠猪、哺乳期和断奶仔猪的饲养管理工作，合理搭配饲料。禁止未成熟母猪繁殖配种和近亲繁殖，搞好环境卫生，做好有关疾病的预防。定期驱虫，增加机体对疾病的抵抗能力。

【治疗方法】 供给蛋白质、维生素、矿物质含量丰富的饲料，必要时日粮中加入驱虫药和健胃药，调节胃肠功能，改善营养条件。

121. 怎样诊治猪异食癖？

猪异食癖是由于猪机体代谢紊乱，营养不平衡而导致猪味觉异常的一种慢性疾病。

【发病原因】 饲料中蛋白质、氨基酸、维生素、矿物质、微量元素缺乏或不足，饲养密度过大，饮水不充分，患某些疾病后均可引起异食癖。

【临床症状】 表现舔墙壁、啃食槽和砖头瓦块、吃粪尿和鬃毛等，腹泻和便秘交替发生，发病严重时咬耳、啃尾，导致出血，最后死亡。

【诊 断】 根据发病史，结合特征性的临床症状即可做出诊断。

【预防措施】 加强饲养管理，补充所缺物质，改善环境卫生条件，注意饲料搭配。

【治疗方法】 针对发病原因，及时予以治疗，如果日粮中蛋白质、氨基酸缺乏，就在饲料中添加鱼粉和骨粉，维生素缺乏时喂给青绿多汁饲料，必要时喂给一些食盐、小苏打等健胃药物，有时增喂少量微量元素也能控制异食癖的发生。

122. 怎样诊治母猪骨软症？

母猪骨软症是成年母猪软骨内骨化作用完成之后发生的一种骨营养不良症，是妊娠猪或泌乳猪常发的一种疾病。其发病特征是骨质渐进性脱钙，呈现骨质疏松和形成过剩的未钙化骨基质。

【发病原因】 由于饲料中钙、磷比例不平衡，造成钙缺乏。长期给母猪喂饲米糠、豆腐渣等过于单一的饲料，尤其是母猪产仔后，饲喂的日粮搭配不合理，加上母猪泌乳量大，从乳中消耗多量的钙质，更易发生本病。另外，母猪关闭饲养，长期晒不到太阳，缺乏紫外线照射，母猪皮肤中的 7-脱氢胆固醇不能转化为维生素 D，从而影响肠黏膜对钙、磷的吸收和钙、磷在骨骼中的沉积。

【临床症状】 病猪消化功能紊乱，有异食现象，四肢骨、头面骨、上颌骨变形，跛行。病猪啃骨头，吃胎衣，运动或站立时后躯摇晃，卧地不起，往往呈犬卧姿势，尤其是妊娠后期的母猪和哺乳母猪，由于胎儿发育和形成乳汁时骨钙吸收过多而引起跛行。后肢骨和腰椎变形，后躯瘫痪或发生骨折。病猪食欲、体温变化不大，病程较长，多为1～2个月。

【诊　断】 分析母猪日粮组成，如果钙、磷比例不合理（正常比例应为1∶1），长期关闭饲养，晒不到太阳，结合异食、跛行、骨骼变形等可以做出确诊。

【类症鉴别】 母猪骨软症与慢性氟中毒在临床症状上极为相似，但氟中毒是由于长期饮用高氟水或采食高氟饲料所引起，临床表现牙齿出现斑釉、四肢骨骼变粗等。

【预防措施】 对妊娠后期或泌乳期母猪，尽早补充优质骨粉和鱼粉，同时配合肌内注射骨化醇。每天晒太阳不少于30分钟，饲料中补充足够的维生素AD粉。

【治疗方法】 发病母猪耳静脉注射10%葡萄糖酸钙注射液80～120毫升，每日1次，连用5～7天。同时，让病猪增加晒太阳的时间，每日至少30分钟，再配合其他对症治疗措施，如应用促进消化的药物和镇痛药等。

123. 怎样诊治母猪生产瘫痪?

母猪生产瘫痪是临产母猪在产前不久或产后几天，发生的以四肢运动能力丧失与减弱为特征的一种疾病。

【发病原因】 是由饲养管理不当，饲料中钙、磷比例不平衡所引起。母猪妊娠后期，胎儿发育迅速，对矿物质需要量增加，此时如果饲料中缺乏钙、磷，或钙、磷比例失调，就可导致母猪后肢或全身无力，甚至骨质发生变化，从而出现瘫痪。另外，饲养条件差，产后护理不当，冬季圈舍寒冷、潮湿，特别是缺乏蛋白质饲料时，妊娠猪瘦弱，也可导致瘫痪。

【临床症状】

①产前瘫痪　妊娠猪长期卧地，后肢起立困难，局部无任何病理变化，知觉反射、食欲、呼吸、体温等检查也均正常。强行起立后步态不稳，后躯摇摆，病程拖长后则病猪瘦弱，患病肢肌肉发生萎缩，如果发病距临产较近或治疗及时则症状很快消失。如果卧地时间过久则容易发生褥疮，最后继发败血病引起死亡。

②产后瘫痪　见于产后2～5天，母猪食欲减退或废绝，病初粪便干硬而少，以后则停止排粪、排尿，体温正常或略有升高，精神极度委靡，长期卧地不能站立，仔猪吃奶时乳汁很少或无奶，母猪伏卧时对周围事物全无反应，不让仔猪吃奶。

【诊　断】　分析母猪日粮组成，确定钙、磷比例是否合理（正常比例应为1∶1），根据所了解的饲养管理状况，结合临床症状即可做出确诊。

【预防措施】　饲喂母猪的饲料要精粗合理搭配，每日加喂骨粉、蛋壳粉、蛎壳粉、碳酸钙、鱼粉和食盐等。冬季母猪圈舍要注意保持温暖、干燥，经常让妊娠猪做适当运动。

【治疗方法】　静脉注射20%葡萄糖酸钙注射液50～100毫升，或10%氯化钙注射液20～50毫升。肌内注射维生素AD注射液3毫升，隔2日注射1次，或肌内注射维生素D_3注射液5毫升、维丁胶性钙注射液10毫升，每日1次，连用3～4天。每日喂给适量的骨粉（烤干研细）、蛋壳粉、蛎壳粉、碳酸钙、鱼粉等。后躯局部涂搽刺激剂促进血液循环，如便秘可用温肥皂水灌肠或内服泻剂硫酸钠30～50克。

124. 怎样诊治母猪产后食欲不振？

【发病原因】 母猪妊娠期间由于饲料单一，缺乏蛋白质饲料和青绿饲料，导致母猪营养不良，或因母猪产仔过多，不能及时补充蛋白质、维生素与矿物质缺乏所引起。另外，母猪产后感染、患有严重的寄生虫病或内分泌失调也可引起母猪产后食欲不振。

【临床症状】 母猪产后食欲逐渐减退，采食青绿饲料少，饮水量少，粪便干燥，尿液少而色黄，母猪乳汁减少，仔猪生长缓慢。

【诊　断】 根据发病原因和临床症状即可做出诊断。

【预防措施】 首先消除病因，合理搭配妊娠猪饲料，适当增加饲料中的蛋白质、维生素和矿物质，最好是饲喂豆科植物。让母猪充分运动，白天让仔猪与母猪分开，促使仔猪提前开食，减少对母猪的干扰。

【治疗方法】 病初用缩宫素、氢化可的松肌内注射，同时内服中药十全大补汤，后期用25%葡萄糖注射液500毫升、三磷酸腺苷40毫升、辅酶A 100单位静脉注射，也可用胃复安1毫克/千克体重，每日1次，连用3天。或用0.4%胃肠康拌料投喂。

125. 怎样诊治猪应激综合征？

猪应激综合征是猪遭受不良因素刺激所产生的一系列非特异性应答反应。发病特征为死亡或屠宰后猪肉苍白、柔软，有水分渗出，此种猪肉俗称白猪肉或水猪肉，肉品质低劣，营养性和适口性极差。

【发病原因】 往往是由于外界应激因素刺激而导致，如驱赶、抓捕、运输、惊吓、过热、兴奋、交配、混群、拥挤、咬架和保定等，应激因素也可通过某些药物诱发，如氟烷、甲氧氟烷、氯仿、三氟乙基乙烯醚等麻醉剂的吸入常常导致本病的发生。另外，本病也与遗传因素密切相关，与猪的体型和血型也有一定关系，一般体矮、腿短、肌肉丰满的卵圆形猪以及杂交猪和某些血缘的瘦肉型纯种猪发生较多。

【临床症状】 发病初期，病猪肌纤维颤动，特别是尾部快速颤抖，发病严重时肌肉震颤可发展为肌肉僵硬，病猪行走艰难或卧地不起。白皮猪皮肤表现潮红，继之发展成紫绀色。心搏加快，体温升高，临死前可达45℃。发病中期休克或虚脱，如不及时治疗，则80%以上的病猪在20～90分钟进入濒死期，死后几分钟发生尸僵。

【病理变化】 死亡或急宰后的猪，有60%～70%在死后30分钟内肌肉呈现苍白色、柔软、渗出水分增多。反复发作死亡的病猪，可能在腿肌和背肌出现深色而干硬的肌肉。肌肉组织学检查可见肌纤维横断面直径大小不一和玻璃样变性。

【诊　断】 根据有无应激病史、遗传史和猪肉质地的变化，可以做出诊断，确诊需靠血液生理指标的测定。

【类症鉴别】 猪应激综合征与热射病、产后低钙症、维生素E和硒缺乏引起的桑葚心及仔猪恶性口蹄疫易于混淆，应注意鉴别。

【预防措施】 改善饲养管理条件，尽量减少应激因素，猪舍避免高温、潮湿和拥挤。发现早期征兆，应立即脱离应激环境，给予病猪充分的休息，用凉水浇洒皮肤，症状轻微者多可自愈。

【治疗方法】 皮肤发绀、肌肉僵硬的重症病猪，可用镇静剂、皮质激素、抗应激药物以及抗酸药物，如肌内注射盐酸氯丙嗪 1～2 毫克/千克体重，可起到较好的抗应激作用。皮质激素、水杨酸钠、巴比妥钠、盐酸苯海拉明、维生素 C 和抗生素等也可选择使用，为缓解酸中毒可用 5%碳酸氢钠注射液静脉注射。

126. 怎样诊治猪感冒?

猪感冒是由于气候寒冷刺激，引起以上呼吸道黏膜发炎为特征的一种急性全身性常见疾病。

【发病原因】 气候骤变，忽冷忽热，管理不善，猪舍冷暖不匀、过于拥挤，或运输途中被雨淋湿使猪只受冷受寒，均可导致发生感冒。本病虽然一年四季、大小猪均可发生，但以秋、冬季的仔猪较易感染发病。

【临床症状】 以发热、寒冷、拥挤、流眼泪、鼻塞、流鼻液、咳嗽为主要发病特征。另外，由于鼻黏膜增厚，病猪用力呼吸，常摇头摩鼻，搔抓不安，食欲减退，卧地不起，眼结膜发红，如无并发症经 3～7 天即可自愈。

【诊　断】 根据病初咳嗽、打喷嚏、流水样鼻液，以后咳嗽逐渐加剧，流浓稠鼻液，体温升高等症状可以做出诊断。

【预防措施】 加强饲养管理，增强机体的抵抗能力，感冒多发季节应注意气候变化，及时防寒保暖，给病猪多饮清洁水。

【治疗方法】 氯化铵 1～2 克，复方甘草合剂 20～30 毫升，每日口服 2～3 次，可止咳清痰。退热可口服阿司匹林1～3 克，复方氨基比林 5～10 毫升，或肌内注射 30%安乃近3～5 毫升或百尔定 2～4 毫升，每日 2 次。如果仔猪并发感染其他疾病时可选择磺胺嘧啶、青霉素、链霉素等抗菌药物。

127. 怎样诊治成年母猪不孕症？

成年母猪不孕症是青年猪进入生产阶段后，由于种种原因不能受胎产仔，称为成年母猪不孕症。

【发病原因】 因营养失控，内分泌失调造成发情延迟、不发情或连续发情，或有生殖道疾病（如阴道炎、子宫内膜炎和卵巢囊肿）等均可造成成年母猪不孕。

【临床症状】 成年母猪性欲减退，长期不发情或无明显的发情征兆，发情不规律或连续发情却屡配不孕。

【诊　断】 成年母猪虽然已达到配种日龄，但仍不见发情，或有时虽见发情，却屡配不孕，根据以上症状即可做出诊断。

【预防措施】 加强饲养管理，掌握母猪发情规律，做到适时配种。

【治疗方法】 找出发病原因，实施对症治疗，由营养不良引起就要加强饲养管理，喂给多价饲料，母猪年龄过大就要淘汰。患有子宫内膜炎的应冲洗子宫进行治疗。性欲不旺盛时既可采取逗情的方法，又可注射激素己烯雌酚催情。

128. 怎样诊治妊娠猪流产？

妊娠猪流产是指妊娠猪未到预产期，就产出无生活能力的胎儿。

【发病原因】 饲料营养不全，饲喂发霉变质饲料，或患细小病毒病、布鲁氏菌病、流行性乙型脑炎和弓形虫病等，均可导致妊娠猪流产。另外，机械性因素如妊娠猪受到撞击、滑倒、咬架等也能引发本病。

【临床症状】 妊娠猪乳房胀大，外阴部肿胀，阴门流出污红色分泌物，无乳汁分泌。有的妊娠猪无明显分娩症状而突然发生流产。

【诊　断】 根据发病原因和临床症状即可做出诊断，必要时进行妊娠检查。

【预防措施】 加强饲养管理，经常给妊娠猪饲喂青绿饲料，妊娠后期最好单圈饲养，并给予适当的运动，尽量找出流产原因，针对发病原因予以预防。

【治疗方法】 头胎母猪注射细小病毒疫苗，发现有流产征兆时，可每日肌内注射黄体酮 10～25 毫克，连用 2～3 次。

129. 怎样诊治妊娠猪产死胎？

妊娠猪饲养管理不当，感染繁殖障碍性疾病或受到机械性碰撞后所引起的胎儿死亡称为死胎。

【发病原因】 妊娠猪饲料单一，饲喂腐败变质饲料、腹部遭受冲撞或感染繁殖障碍性疾病，如细小病毒病、伪狂犬病、蓝耳病、衣原体病、流行性乙型脑炎、布鲁氏菌病等，均可导致妊娠猪产死胎。

【临床症状】 病猪精神委靡，食欲减退，卧地不安，弓腰努责，从阴户流出污浊恶臭的分泌物。如果死胎时间过长则胎儿在母猪体内腐败，病猪体温升高呈现败血症症状，最后导致死亡。

【诊　断】 根据发病原因，结合临床症状即可做出初步诊断。

【预防措施】 加强饲养管理，喂给妊娠猪质优多价易消化的饲料，做好各种繁殖障碍性疾病疫苗的免疫注射。

【治疗方法】 与繁殖障碍性疾病所引起产死胎母猪同圈、同场的健康猪可选用相应的疫苗进行免疫预防，出现临床症状的病猪实施对症治疗。因饲养管理不当引起产死胎的母猪，应加强饲养管理，防止腹部遭受撞击。

130. 怎样诊治妊娠猪难产？

妊娠猪难产是指妊娠猪在分娩过程中，胎儿娩出发生困难，不能将胎儿顺利产出。

【发病原因】 饲养管理不当，饲料搭配不合理，运动不足，致使妊娠猪过肥或过瘦而导致难产。也可能由于母猪发育不全而过早配种，或胎位不正、胎儿过大、胎儿畸形、母猪骨盆与子宫狭窄等原因引起难产。

【临床症状】 母猪虽然已到产期，但不能顺利将仔猪产出，临产母猪表现烦躁不安，时卧时起，不时努责，从阴道流出黏液或少量血液。

【诊　断】 根据妊娠猪预产期，结合临床症状，经过综合分析即可做出诊断。

【预防措施】 加强饲养管理，给妊娠猪饲喂易消化的多价饲料，妊娠后期应给予适当的运动。

【治疗方法】 发现妊娠猪难产，应根据难产发生的原因，实施相应的措施。如果子宫已经张开可向子宫内注入少量润滑剂助产，子宫收缩无力可注射缩宫素，胎位或胎向不正可实施人工助产，胎儿过大可进行剖宫产手术。

131. 怎样诊治母猪产后胎衣不下？

当妊娠猪产出全部仔猪 3 小时后，胎衣仍排不出体外者称为胎衣不下，一般分为部分胎衣不下和全部胎衣不下 2 种情况。

【发病原因】 妊娠期间没有给予母猪适当运动或维生

素、矿物质缺乏。另外，妊娠猪难产、流产、患子宫炎均可引起胎衣不下。

【临床症状】 病猪精神沉郁，食欲减退，不安，弓腰努责，从阴门内不断流出红褐色带臭味的液体。当胎衣在子宫内滞留时间过长，可引起腐败，致使病猪体温升高，发生败血症后导致死亡。

【诊　断】 根据发病原因和临床症状即可做出诊断。

【预防措施】 妊娠期给予足量全价饲料，促使妊娠猪适量运动。

【治疗方法】 发生胎衣不下时，肌内注射垂体后叶素，静脉注射10%氯化钙注射液20毫升，或10%葡萄糖酸钙注射液，每次50～100毫升，如果经上述处理无效而子宫颈尚开时，可实施人工剥离术，然后向子宫内灌入0.1%高锰酸钾溶液冲洗，并注入抗菌药物消炎。

132. 怎样诊治母猪子宫脱出？

子宫脱出是子宫翻转于母猪阴道内或垂脱于阴门之外的一种生殖道常见病。

【发病原因】 由于病猪体质瘦弱、运动不足、胎儿过大、胎水过多致使子宫收缩无力或发生难产、胎衣不下，病猪强烈努责时可导致子宫脱出。

【临床症状】 子宫部分脱出时，病猪表现举尾、努责。子宫全部脱出时，则子宫垂脱于阴门之外，子宫黏膜面常附着未脱落的胎膜，当胎膜脱落后呈粉红色或红色，如发生淤血则变成紫红色，严重者子宫出血、水肿、干裂、糜烂，表现全身症状。

【诊　断】 根据临床症状即可做出诊断。

【预防措施】 加强饲养管理，使妊娠猪经常做适当运动，饲料中适当增加一些蛋白质、维生素、矿物质和微量元素，提高机体抗病能力。

【治疗方法】 初期及早进行整复和固定，方法是先用0.1%高锰酸钾溶液将子宫冲洗干净，发现水肿可用3%明矾溶液冲洗，在病猪努责的间隙，将子宫推入产道和腹腔内，然后注入含抗菌药物的灭菌生理盐水。另外，饲料中加入中药枳壳可使子宫恢复原位，为防止子宫再次脱出，应实施阴门缝合。为防止感染可肌内注射青霉素，当子宫无法恢复而又想使病猪留作肥育猪时，可采取子宫全切术。

133. 怎样诊治母猪子宫炎？

母猪子宫炎是子宫黏膜发生炎症的一种生殖器官疾病，虽然子宫发炎不引起母猪死亡，但往往导致其不发情，不易受胎，有时妊娠猪还可能发生流产。

【发病原因】 子宫炎多发生于产后或流产后，配种、人工授精时不遵守卫生规则，使用的器械消毒不严，母猪难产、胎衣不下、子宫脱出时阴道受损，环境中的常见菌（如大肠杆菌、葡萄球菌、链球菌等）乘虚而入也可导致子宫炎的发生。

【临床症状】 病猪食欲不振，体温升高，弓背，努责，从阴道内流出红色污秽带有腥臭味的黏性、脓性分泌物。若不及时治疗，可形成败血症导致母猪死亡。慢性子宫炎病猪则表现消瘦，发情不正常，屡配不孕，即使受胎也容易流产。

【诊　断】 根据发病原因和临床症状可以做出诊断。

【预防措施】 加强饲养管理，保持圈舍干燥和清洁卫生，母猪难产时取出胎儿或胎衣后必须认真消毒，必要时向子宫内注入抗菌药物以防子宫炎的发生。

【治疗方法】 首先用0.02%新洁尔灭溶液或0.1%高锰

酸钾溶液冲洗子宫，清除积留在子宫内的炎性分泌物，然后导出液体注入抗菌药物消炎。

134. 怎样诊治母猪乳房炎？

母猪乳房炎是母猪产后乳房发生炎症的一种常见疾病，以乳区肿胀疼痛，不让仔猪吃奶为发病特征。

【发病原因】 猪舍潮湿、过冷，乳房受冻，乳房与地面接触损伤后微生物入侵乳房均会引起乳房炎发生。此外，给仔猪哺乳时或断奶不久喂给多汁饲料，乳汁分泌过多，并在乳房内积留也可引起乳房炎。

【临床症状】 病初精神、食欲虽然尚好，但乳区红、肿、热、痛，不让仔猪吃奶，发病严重时卧地不起，体温升高，食欲废绝，从乳房内流出混有血液的粉红色或褐色乳汁。

【诊　断】 根据临床症状可以做出诊断，必要时采取乳汁进行细菌学检验。

【预防措施】 加强仔猪断奶前后母猪的饲养管理，保持圈舍清洁卫生，注意防止哺乳仔猪咬伤母猪乳头。

【治疗方法】 乳房区出现红、肿、热、痛时，一方面注射抗菌药物消炎，另一方面在乳房局部涂抹鱼石脂或磺胺软膏，如果乳房出现化脓应及时切开排脓，待消毒液冲洗后，填充青霉素软膏，反复治疗数次即可痊愈。

135. 怎样诊治母猪产褥热？

母猪产褥热是母猪产后产道受损，恶露排除迟滞所引起的感染和局部炎症扩散，又称产后败血症。

【发病原因】 母猪产后产道受损继发炎症，然后被细菌（大肠杆菌、溶血性链球菌、金黄色葡萄球菌）侵入引起发病。

【临床症状】 病猪体温升高，心搏加快，呼吸短促，食欲废绝，卧地不起，泌乳减少或停止，四肢末端和两耳发凉，四肢关节肿胀有热痛，阴道流出褐色恶臭的液体，如能及时治疗则预后良好，治疗不及时可导致死亡。

【诊　断】 根据发病原因和临床症状即可做出初步诊断。

【类症鉴别】

①与猪子宫炎的鉴别　两者均表现体温升高、食欲减退、阴道流出黏液性分泌物等症状。不同点是：患子宫炎的病猪四肢关节不肿胀，无热痛，阴道流出带血色的分泌物，具有腥臭味，常配不上种。

②与母猪无乳综合征的鉴别　两者均表现体温升高、食欲减退、阴道流出黏液性分泌物等症状。不同点是：无乳综合征病猪关节不肿胀，无热痛，乳腺发硬，阴道不流出黏性分泌物。

③与猪流产的鉴别　两者均从阴道流出分泌物。不同点是：流产病猪体温不高，关节不肿胀，阴道不排出恶臭的褐色分泌物。

【预防措施】 加强妊娠猪的饲养管理，搞好产房和周围环境的清洁卫生，注意消毒和妊娠猪的防寒、避风。

【治疗方法】 实施对症治疗，发现妊娠猪体温升高，可肌内注射解热药（如氨基比林）。发生炎症时可注射抗菌药物（如青霉素、链霉素或黄连素）消炎。酸中毒时静脉注射10%葡萄糖注射液和5%碳酸氢钠注射液，必要时注射强心剂安钠咖或樟脑油。

136. 怎样诊治母猪缺乳症？

母猪缺乳即为泌乳失败，是母猪产后常发病之一，往往给养猪业带来一定的经济损失。

【发病原因】 引起母猪缺乳的原因很多，如应激因素（噪声、温度、湿度、环境的改变）、母猪内分泌紊乱、饲养与管理不善（营养缺乏或运动不足）以及遗传因素等均可造成母猪缺乳甚至无乳。

【临床症状】 母猪产后乳汁很少或基本无乳，母猪对仔猪感情淡漠，对仔猪哺乳的要求无反应，乳房松弛挤不出乳汁或乳汁稀薄如水。

【诊　断】 根据发病原因，妊娠猪产后出现的临床症状以及仔猪的行为表现，即可做出诊断。

【预防措施】 加强母猪的饲养管理，保持产房的清洁卫生，冬季圈舍既要保暖又要通风，母猪产后要增加蛋白质和多汁饲料的饲喂量。

【治疗方法】 针对缺乳原因，实施对症治疗，如果由应激因素引起，可采取控制猪舍内噪声、湿度等措施，尽量避免产仔母猪生活条件的改变。如果由饲养管理因素引起，应给母猪饲喂多汁饲料，促使其适当运动。如果因乳房炎造成母猪缺乳可用青霉素 100 万单位，10％盐酸普鲁卡因注射液 20～50 毫升，做乳房局部封闭注射。另外，可使用一些中西医催乳剂以保证仔猪及时吃上乳汁。

137. 怎样诊治母猪产后不食？

母猪产后不食是指母猪产后胃肠功能紊乱，所引起的一种食欲异常性疾病。

【发病原因】 主要是由饲养管理不善(如精饲料饲喂过多或饲料突然改变)和疾病(如产褥热、子宫炎)两大原因造成。

【临床症状】 病猪体温正常、精神不振、食欲减退、粪便时干时稀,发病严重时食欲废绝。

【诊　断】 根据发病原因和临床症状基本可以确诊。

【预防措施】 加强饲养管理,母猪产后多喂一些青绿多汁饲料。

【治疗方法】 根据发病原因,实施有针对性的治疗,如胃肠功能不适可用中药或西药,甚至中西药合剂来调节胃肠功能。

138. 怎样诊治公猪睾丸炎?

公猪一侧或两侧睾丸所表现的红、肿、热、痛症状称为睾丸炎。

【发病原因】 公猪阴囊受外伤,患某些病毒性(如猪流行性乙型脑炎)和细菌性疾病(如布鲁氏菌病、衣原体病)均会引起睾丸炎。

【临床症状】 病猪体温升高,食欲减退,后肢行动障碍,睾丸发红、发热、肿大、疼痛,严重时阴囊部分化脓。

【诊　断】 根据公猪的发病原因和临床症状,一般可以确诊。

【预防措施】 找出发病原因,实施有针对性的预防和治疗措施,尽量防治各种因素所造成的外伤。

【治疗方法】 睾丸开始肿大时可用热敷疗法,然后根据发病原因,注射相关抗菌药物,同时外敷10%鱼石脂软膏消炎止痛。

139. 怎样诊治猪风湿病？

猪风湿病是以猪的背部、腰部、四肢肌肉和关节发生慢性和非化脓性炎症为特征的一种疾病，多发生于秋季和冬季。

【发病原因】 气候突变，寒冷、潮湿，运动不足或受某些疾病（如溶血性链球菌）侵袭是发生风湿病的主要原因。

【临床症状】 病猪突然疼痛难忍，根据发病的部位不同所表现的临床症状亦不相同，如头部、颈部肌肉发病，则两耳发硬，头颈活动受限；如四肢发病则运步困难，跛行，卧地不起，关节肿胀；如背腰部发病则全身肌肉紧张，弓背，腰痛，走路困难，触摸各部位均有疼痛感出现。

【诊　断】 根据发病史和临床特征易于做出诊断，必要时应用一些抗风湿药物治疗，如有效则证明为风湿病。

【预防措施】 加强饲养管理，注意防寒、防冻，保持圈舍清洁干燥和卫生。

【治疗方法】 可用 10%水杨酸钠注射液 20～100 毫升静脉注射，或用 2.5%醋酸可的松注射液 5～10 毫升肌内注射，每日 2 次，必要时采用中草药治疗。

140. 怎样诊治猪湿疹？

猪湿疹是指发生在猪皮肤表皮和真皮组织的一种过敏性疾病，临床上以皮肤出现红斑、丘疹、小节结、水疱、脓疱为特征。

【发病原因】 饲养密度过大，猪舍潮湿，受寒冷和各种有害因素的刺激，昆虫叮咬以及微生物和寄生虫的侵袭等，均会造成湿疹的发生。

【临床症状】 病猪瘙痒不安，摩擦墙壁，皮肤充血、发红，颈部、面部、胸腹部两侧可见丘疹、小结节、水疱、脓疱，破溃后流出血样黏液和脓液，干燥后形成痂皮。湿疹多发生于春、夏季，以仔猪多发。

【诊　断】 根据发病季节，仔猪皮肤出现瘙痒的特征性症状，即可做出诊断。

【类症鉴别】

①与猪渗出性皮炎的鉴别　两者均表现皮肤发红、瘙痒等症状。不同点是：渗出性皮炎病猪皮肤可见黏液性脂肪样分泌物结成有臭味的结痂，眼周围有渗出物。

②与猪葡萄球菌病的鉴别　两者均表现皮肤发红、水疱破溃后渗出液形成结痂。不同点是：患葡萄球菌病的病猪体温升高，多在创伤后发生感染。

【预防措施】 加强饲养管理，饲料中加入富含维生素、矿物质、微量元素的物质，注意圈舍的清洁卫生和通风干燥，夏、秋季节要做好灭蚊、灭蝇工作。

【治疗方法】 首先用0.1％高锰酸钾溶液冲洗患部，洗净脓液、痂皮，然后涂搽硫黄或可的松软膏，必要时静脉注射10％氯化钙注射液、溴化钠或其他抗组胺药物。

141. 怎样诊治仔猪渗出性皮炎？

仔猪渗出性皮炎是由于皮肤脂肪分泌渗出过多、剥脱而引起的一种皮肤疾病，又称为脂猪病。

【发病原因】 是病猪皮肤感染葡萄球菌后，病菌在皮肤表面增殖并产生表皮脱落毒素，导致局部或全身性皮肤脱落，排出大量皮脂性分泌物。本病多发生于哺乳仔猪。

【临床症状】 病猪食欲不振，无神，触摸皮肤温度高，呈棕红色，被毛粗乱，渗出液增多，无瘙痒症状。病情严重时表现消瘦、脱水、体重减轻、皮肤脱落，并伴有大量皮脂性分泌物和浆液性渗出物，从皮肤裂隙中可见血清渗出，与尘埃和皮屑积聚在一起则形成痂皮，进而发展成为渗出性皮炎。

【诊　断】 根据发病史，哺乳仔猪皮肤所表现的特征性症状即可做出诊断。

【类症鉴别】

①与猪湿疹的鉴别　两者均表现皮肤发红、有渗出物等症状。不同点是：湿疹病猪的丘疹、水疱主要发生在胸壁、腹下，同时病猪有痒感。

②与猪水疱疹的鉴别　两者均表现皮肤湿润、跛行等症状。不同点是：水疱疹病猪眼周围不出现皮肤发红，渗出物也无臭味。

③与猪葡萄球菌病的鉴别　两者均表现食欲不振、胸腹部有黄色渗出液等症状。不同点是：患葡萄球菌病的病猪体温升高，黄色水疱遍布四肢下部和腹部，严重者波及全身。

【预防措施】 注意圈舍清洁卫生，围栏应柔软舒适，饮水应干净，一旦发现仔猪患病，立即隔离饲养，及时治疗。

【治疗方法】 首先用温水或肥皂水除去干固的渗出物和结痂，然后皮肤涂布抗感染药物（磺胺软膏和林可霉素软膏），再注射对葡萄球菌敏感的抗菌药物。

142. 怎样诊治猪疝气？

猪疝气是指猪的肠管从扩大的自然孔道或病理性破裂孔脱至皮下，常见的疝气有腹壁疝、阴囊疝和脐疝。

【发病原因】 脐疝是仔猪脐孔闭锁不全或脐孔先天性发育不全或采食过饱、强力努责后引起腹内压升高，导致肠管由脐孔脱出皮下。腹壁疝是母猪阉割不当或腹壁受到外界强力撞击致使腹膜、腹肌破裂，导致肠管坠入腹肌间隙。阴囊疝是近亲繁殖或追捕、捆绑时猪的腹压突然升高，导致肠管通过腹股沟进入阴囊内。

【临床症状】 疝气发生的局部，突然呈现一处或多处柔软性隆起，用手可触摸到一个圆形脐孔，用力压迫疝部隆起消失，如果病猪再次强力努责或用力咳嗽，则隆起变得更大，形成箝闭性疝，局部增大，紧张变硬，有疝痛，排尿、排粪受到影响。病情严重时体温升高，呼吸加快，如果继发败血症可导致死亡。

【诊 断】 根据发病原因和临床症状即可做出诊断。

【类症鉴别】 猪疝气与脓肿、血肿和蜂窝织炎在临床症状上极为相似，易于混淆，应注意鉴别。

【预防措施】 加强饲养管理，防止猪与猪之间相互攻击。

【治疗方法】 患新鲜疝气，且疝孔不大、位置偏高时可采用保守疗法，即摸清疝孔后在疝孔周围施用刺激性药物（如95％酒精或10％～15％氯化钠注射液）分点注射，促使疝气孔周围组织发炎形成瘢痕化，致使疝孔重新闭合。由于手术治疗疝气可靠，所以临床上多采用手术疗法。

143. 怎样诊治猪直肠脱出？

猪直肠脱出是指猪的直肠末段黏膜或部分直肠脱出肛门外而不能恢复的一种常见病，俗称脱肛，又叫直肠脱，多发于仔猪。

【发病原因】 突然改变饲料，缺乏维生素，猪体质瘦弱，便秘，腹泻，难产，长时间运动不足均会导致直肠韧带和肛门括约肌松弛，引起直肠脱出。

【临床症状】 直肠黏膜发炎，下层水肿，脱垂部分呈圆球形或圆柱状，呈暗红色，脱出部分若被泥粪污染，黏膜可能出血、糜烂、坏死，此时常伴有全身症状，如体温升高、食欲减退、不时努责、常做排粪姿势等。

【诊　断】 根据发病原因结合临床症状即可做出诊断。

【预防措施】 加强饲养管理，保持圈舍清洁卫生，饲喂易消化的饲料，防止直肠脱出的发生。

【治疗方法】 肠管脱出部分首先用消毒药液(如 0.1%高锰酸钾溶液)洗净，除去污染物和坏死黏膜，小心地将其推入肛门内，然后根据病情，既可用无水乙醇做肛门周围注射以固定直肠，也可在肛门周围实施袋口缝合，待 1 周左右，病猪不努责时可拆除缝合线，必要时灌入黄芪参术汤，也可起到一定的治疗效果。

144. 怎样诊治新生仔猪溶血病?

新生仔猪溶血病又称新生仔猪溶血性黄疸，是由于种间杂交或同种但血型不合而进行配种，所引起的一种免疫性疾病，临床上以贫血、黄疸和血红蛋白尿为特征。

【发病原因】 由于胎儿体内有种公猪遗传而来的特定抗原，经由胎盘进入母体，刺激母猪产生大量特异性抗体。这种抗体由血液进入乳汁，以初乳中含量最多，新生仔猪吸吮初乳后，经肠黏膜吸收进入血液产生特异性免疫反应，使红细胞溶解、破坏从而引起发病。

【临床症状】 初生仔猪在第一次吸吮初乳后数小时或十几小时发病，表现精神委顿，畏寒发抖，被毛逆立，不吃奶，衰弱，眼结膜和齿龈黏膜呈现黄色，尿液呈红色或暗红色，心搏、呼吸加快，很快或在 2～6 天死亡，一般发生于个别窝仔猪，死亡率达 100%。

【病理变化】 仔猪皮肤和皮下组织显著黄染，肠系膜、大网膜、腹膜和大小肠全呈黄色。肝脏肿胀淤血，脾脏肿大，肾脏肿大充血，心内、外膜有出血点或出血斑，膀胱内积存暗红色尿液。

【诊　断】 根据仔猪出生后体温正常，吃奶后整窝发病，心搏、呼吸加快，1～2 天死亡，而非本窝仔猪即使吃过发病仔猪的母乳时生长也良好即可确诊。

【类症鉴别】

①与仔猪缺铁性贫血病的鉴别　两者均多发于仔猪，均有体温不高、贫血、皮肤黏膜苍白、血液稀薄不易凝固等症状。不同点是：患缺铁性贫血的仔猪出生后 8～9 天表现便秘和腹泻症状。

②与猪附红细胞体病的鉴别　两者均表现黏膜苍白、黄疸，血液稀薄不易凝固等症状。不同点是：患附红细胞体病的病猪体温升高，呼吸困难，皮肤发红、发绀，用血虫净治疗有特效。血液压片染色镜检可见到附红细胞体。

【预防措施】 母猪配种时应了解以往种公猪配种后所产仔猪有无溶血现象，如有则不能用该公猪配种。发现仔猪发病后，全窝仔猪立即停止哺乳，改用人工哺乳，或转由其他哺乳母猪代为哺乳。

【治疗方法】 补充营养，加速排出血中抗体，维护心脏功能。采取对症治疗措施，使用 10％葡萄糖注射液、低分子右旋糖酐、乌洛托品、维生素 K 和强心利尿剂等药物。

145. 怎样诊治仔猪贫血病？

仔猪贫血主要是指缺铁性贫血，其发病特征为可视黏膜和四肢苍白，血液稀薄如水。

【发病原因】 由于仔猪生长迅速，生后 4 周体重可增长 7 倍，每只仔猪每日需 10 毫克铁，而从母乳中获得的铁是极少的，即使动用肝脏、脾脏中储存的少量铁，仍不能满足仔猪生长需要。因此，容易发生缺铁性贫血。本病常见于 5～21 日龄的仔猪，且多发生于冬、春季节。

【临床症状】 病猪外表肥壮，精神委顿，心悸亢进，呼吸加快、气喘，运动后更为显著。眼结膜、鼻端和四肢颜色苍白，看似外表健壮的猪常突然死亡。病程进一步发展后精神极差，被毛粗乱，眼结膜苍白，常出现轻度黄疸和腹泻，即使不死以后的生长速度也会减慢。

【病理变化】 血液稀薄如红墨水样，肌肉颜色变淡，胸腹腔内常有积液，心脏扩张，质地松软，肝脏肿大。

【诊　断】 根据病猪的发病日龄、临床症状和病理变化容易做出诊断，确诊须进行血红蛋白测定，正常仔猪每 100 毫升血液中含血红蛋白 8～12 克，病猪可降至 2～3 克。

【类症鉴别】

①与仔猪溶血病的鉴别 两者均表现精神沉郁、体温不高、皮肤黏膜苍白、血液稀薄不易凝固等症状。不同点是：仔猪溶血病发病、死亡很快，仔猪刚出生时看起来健康，但吃奶后 24 小时发病，尿液呈现红色，不久后即死亡。

②与仔猪白痢病的鉴别 两者均表现精神不振、黏膜苍白、消瘦、腹泻等症状。不同点是：患仔猪白痢的病猪体温升高，排白色糊状或浆液状具特异腥臭味的液体，剖检胃内有凝乳块，肠中粪便呈黄白色，具酸臭味并含有气体。

③与仔猪低血糖病的鉴别 两者均表现体温不高、精神不振、黏膜苍白等症状。不同点是：患低血糖病的仔猪卧地不起，四肢颤抖，眼球震颤，最后惊厥死亡。检测血糖低于正常值。

【预防措施】 仔猪缺铁性贫血治疗的关键在于给仔猪补铁,生后几小时内给仔猪投服含铁的化合物以满足其对铁的需要。可用硫酸亚铁 2.5 克、硫酸铜 1 克、氯化铁 0.2 克,溶于 1000 毫升温水中,用纱布过滤后装入瓶中,待仔猪吃奶时用干净棉花蘸液涂在母猪乳头上,让仔猪吃奶时吸入,也可供仔猪直接饮用。

【治疗方法】 3 日龄仔猪注射右旋糖酐铁钴注射液(25 毫克/毫升),每 4～5 日注射 1 次,每次注射 2 毫升。也可用 100 克硫酸亚铁和 20 克硫酸铜磨碎后混在 5 千克细沙中撒在猪栏内,让仔猪自由舔食,或用硫酸亚铁 21 克、硫酸铜 7 克溶于 1000 毫升水内混合后用纱布过滤,放在补料槽和饮水中让仔猪采食,每头仔猪每日服用 4 毫升,均能取得良好的效果。

146. 怎样诊治新生仔猪低血糖症?

新生仔猪低血糖症又称乳猪病,是由于仔猪出生后几天内吮乳不足、血糖降低所致的一种代谢性疾病。仔猪正常血糖含量为 90～130 毫克/100 毫升,如果血糖含量降至 50 毫克/100 毫升,就会发生仔猪部分或整窝死亡。

【发病原因】 母猪妊娠后期饲养管理不当,产后感染子宫炎引起缺乳或无乳,仔猪患大肠杆菌病或患先天性震颤而无力吮乳时,均可引起仔猪低血糖症。本病常见于出生后 1 周内的仔猪,以冬、春季节多发。

【临床症状】 仔猪出生后,突然四肢无力,肌肉震颤,步态不稳,卧地不起,出现明显的神经症状,卧地后表现角弓反张,瞳孔散大,口角流涎,感觉迟钝或消失,最后昏迷导致死亡,病程不超过 36 小时,往往同窝仔猪相继发病。

【病理变化】 剖检可见肝脏呈橘黄色,边缘锐利,质地像豆腐,稍碰即破。胆囊肿大,肾脏呈淡土黄色,可见散在红色出血点。

【诊　断】 根据发病仔猪的临床症状、病理变化以及应用葡萄糖治疗疗效较好即可做出诊断。必要时检测血糖含量,正常情况下血糖含量为 90～130 毫克/100 毫升,降至 50 毫克/100 毫升以下即可确诊为新生仔猪低血糖症。

【类症鉴别】

①与仔猪贫血的鉴别　两者均表现体温不高、黏膜苍白等症状。不同点是:贫血仔猪心悸亢进,但不表现神经症状。

②与仔猪溶血病的鉴别　两者均表现体温不高、黏膜苍白、血液稀薄不易凝固等症状。不同点是:患溶血病的仔猪表现血红蛋白尿,剖检可见皮下组织黄染。发病在吃母乳之后。

【预防措施】 加强饲养管理,及时找出母猪缺乳或无乳的原因,若因营养不良所致,应及时改善饲料。若因患病所致,应及时采取对症治疗措施。若仔猪患有影响哺乳和消化吸收的疾病,应加强仔猪的护理,及时治疗疾病。

【治疗方法】 每隔 4～5 小时腹腔注射 5%～10%葡萄糖注射液 15～20 毫升,连用 2～3 次,或配制 20%的白糖水口服,每日 2～4 次,连用 3～5 天。

147. 怎样诊治仔猪白肌病?

【发病原因】 目前虽不能完全确定病因,但与微量元素和维生素 E 缺乏有一定关系,大多数学者认为是由饲料营养成分不全、饲料单一所造成。

【临床症状】 急性病例常在症状未出现时突然发生呼吸困难,导致心力衰竭而死亡。病程稍长者,病初体温无变化,仅表现精神不振、食欲减退、逐渐消瘦、肌肉无力、起立困难等，病重时四肢麻痹、呼吸不匀、心搏加快。病程通常为3～8天，最后倒地死亡。

【病理变化】 病猪四肢、背部、臀部肌肉松弛，颜色像熟肉般，呈灰红色，心肌明显坏死、松软，心内膜可见淡灰色或淡白色斑点，肝脏淤血、充血，呈淡褐色、淡黄色或黏土色，心脏脂肪变性，常见针尖大点状坏死灶。

【诊　断】 根据临床症状和病理变化容易做出诊断。

【预防措施】 改善饲养管理条件，饲喂优质全价且富含多种维生素的易消化饲料，配合使用亚硒酸钠制剂。

【治疗方法】 饲料中加入亚硒酸钠，母猪10毫克，仔猪2毫克，经15天再给药1次。必要时每头猪皮下注射0.1%亚硒酸钠注射液2～5毫克。如能配合注射维生素E 500～800毫克，可取得更好的治疗效果。

148. 怎样诊治新生仔猪窒息？

新生仔猪窒息是以刚出生仔猪仅有微弱心搏而无呼吸为特征的一种新生仔猪疾病，如果治疗不及时会危及仔猪生命。本病多发于难产时的仔猪。

【发病原因】 母猪妊娠期间饲养管理不善，营养缺乏，致使母猪贫血消瘦，或母猪过度疲劳，长期患某些慢性疾病，均会导致仔猪假死，如抢救不及时会造成真死。另外，母猪难产时供氧不足，迫使胎儿活动时被动吸入羊水也会造成新生仔猪窒息。

【临床症状】 患病初期病猪可视黏膜发绀，口、鼻内充满黏性分泌物，呼吸短促，心搏快而弱。病情严重时病猪全身无力，黏膜呈青紫色或苍白色，口、鼻被液体堵塞，最后呼吸停止而窒息死亡。

【诊　断】 根据发病原因和临床症状即可做出诊断。

【预防措施】 加强预产母猪和初生仔猪的饲养管理，发病时将仔猪倒提，让口腔、鼻腔内的黏液流出。

【治疗方法】 首先注射呼吸中枢兴奋剂尼可刹米，同时设法使口腔、鼻腔中的黏性液体排出，用干棉球擦净口腔和鼻腔污物，必要时施行人工呼吸。

149. 怎样诊治新生仔猪便秘？

新生仔猪出生后数小时内应有胎粪排出，若超过24小时仍不能排除胎粪称为新生仔猪便秘。新生仔猪便秘可以引起自体中毒，甚至死亡。

【发病原因】 初乳质量不高或母猪无乳、缺乳、乳汁变质、母猪产后死亡，或仔猪没有及时吃到初乳，从而导致新生仔猪肠道弛缓，胎粪不能及时排出，最后引起便秘。

【临床症状】 仔猪精神委靡，食欲不振，弓背不安，回头顾腹，虽然举尾做排粪动作，但始终不能排出粪便。肛门闭塞、干燥，直肠内有坚硬粪块。

【诊　断】 根据仔猪出生后24～48小时不见排出粪便，结合临床症状即可做出诊断。

【预防措施】 仔猪出生后，必须让仔猪及时吃上足量初乳。

【治疗方法】 病仔猪用温肥皂水100～500毫升灌肠后，将手指伸入直肠，取出积存的粪块，或在灌肠的同时内服植物油或液状石蜡10～50毫升等缓泻，可取得比较明显的治疗效果。

150. 怎样诊治猪佝偻病？

佝偻病又称骨软症，是由于缺乏维生素D和钙、磷代谢障碍而引起的一种骨组织钙化不全的慢性疾病，其发病特征为消化功能紊乱、异食癖、跛行和骨骼变形。

【发病原因】 妊娠猪体内钙、磷、维生素D缺乏影响胎儿骨组织的正常发育，或仔猪断奶后饲料调配不当，日粮中钙、磷含量不足或比例失调，缺乏维生素D，阳光照射不足等，均可引发本病。此外，仔猪断奶过早或患有胃肠道疾病，影响钙、磷和维生素D的吸收与利用以及肝脏、肾脏疾病均会导致发生佝偻病。本病常发生于仔猪，以冬末春初发病较多。

【临床症状】 病初食欲稍减，喜啃咬饲槽、墙壁、泥土，到处采食煤渣、垫料、破布等异物。继而喜卧不想走动，然后步样强拘，行走困难，卧多立少，跛行。强行运动时步态蹒跚，病猪常发出嘶叫或呻吟声，突然倒地。病情严重时骨骼渐渐发生变形，胸廓两侧扁平狭小，关节部位肿胀肥厚，触诊疼痛敏感，不能起立，跪卧采食。

【病理变化】 X线检查可见骨密度降低，骨皮质变薄，长骨端凹陷，骨髓界限增宽，形状不规整，边缘模糊不清。

【诊　断】 血钙、血清无机磷含量降低，血清碱性磷酸酶活性升高。骨骼中无机物(灰分)与有机物的比例由正常的3∶2降至1∶2时即可诊断为佝偻病。

【类症鉴别】

①与猪风湿病的鉴别　两者均表现精神沉郁、喜欢卧地、不愿走动等症状。不同点是：风湿病病猪无异食现象，关节、头部、肋骨和长骨无异常，应用抗风湿药物治疗有效。

②与猪肢蹄外伤的鉴别　两者均表现跛行、不愿走动等

症状。不同点是：肢蹄外伤可见到受伤处局部有红、肿、热、痛的炎症表现。

③与猪口蹄疫的鉴别　两者均表现跛行、不愿走动等症状。不同点是：猪口蹄疫发生迅猛，多数猪同时发病，口腔和蹄部可见肿胀，有水疱与溃疡面。

【预防措施】　加强饲养管理条件，改善妊娠猪、哺乳猪与仔猪的饲养管理条件，供给钙、磷充足且比例合适的饲料，在饲料中可添加鱼肝油或经紫外线照射过的酵母。加强运动，注意保持猪舍温暖、干燥、通风、清洁和光照。

【治疗方法】　肌内注射维生素 D_2 或维生素 D_3 注射液1～2毫升，每日1次，连用5～7天。也可将0.5～1毫升浓缩维生素AD拌于饲料中喂服，每日1次，连用5～7天。还可应用骨化醇胶性钙1～2毫升肌内注射。钙、磷制剂的补充要与维生素D的补充同时进行，将多种钙片混于饲料中饲喂，每日1次，直至痊愈。此外，骨粉、鱼粉、甘油磷酸钙亦是较好的治疗佝偻病的补充物。

参考文献

[1] B. E 斯特劳，S. D. 阿莱尔，W. L. 蒙加林，等．猪病学．赵德明，张中秋，沈建忠，译．北京：中国农业大学出版社，2000.

[2] 陈杖榴．兽医药理学．北京：中国农业出版社，2002.

[3] 蔡宝祥，郑明球．猪病诊断和防治手册．上海：上海科学技术出版社，1997.

[4] 宣长和．猪病学（第二版）．北京：中国农业科学技术出版社，2005.

书名	定价
反刍家畜营养研究创新思路与试验	20.00
实用畜禽繁殖技术	17.00
实用畜禽阉割术(修订版)	13.00
畜禽营养与饲料	19.00
畜牧饲养机械使用与维修	18.00
家禽孵化与雏禽雌雄鉴别(第二次修订版)	30.00
中小饲料厂生产加工配套技术	8.00
青贮饲料的调制与利用	6.00
青贮饲料加工与应用技术	7.00
饲料青贮技术	5.00
饲料贮藏技术	15.00
青贮专用玉米高产栽培与青贮技术	6.00
农作物秸杆饲料加工与应用(修订版)	14.00
秸杆饲料加工与应用技术	5.00
菌糠饲料生产及使用技术	7.00
农作物秸杆饲料微贮技术	7.00
配合饲料质量控制与鉴别	14.00
常用饲料原料质量简易鉴别	14.00
饲料添加剂的配制及应用	10.00
中草药饲料添加剂的配制与应用	14.00
饲料作物栽培与利用	11.00
饲料作物良种引种指导	6.00
实用高效种草养畜技术	10.00
猪饲料科学配制与应用(第2版)	17.00
猪饲料添加剂安全使用	13.00
猪饲料配方700例(修订版)	12.00
怎样应用猪饲养标准与常用饲料成分表	14.00
猪人工授精技术100题	6.00
猪人工授精技术图解	16.00
猪标准化生产技术	9.00
快速养猪法(第四次修订版)	9.00
科学养猪(修订版)	14.00
科学养猪指南(修订版)	39.00
现代中国养猪	98.00
家庭科学养猪(修订版)	7.50
简明科学养猪手册	9.00
猪良种引种指导	9.00
种猪选育利用与饲养管理	11.00
怎样提高养猪效益	11.00
图说高效养猪关键技术	18.00
怎样提高中小型猪场效益	15.00
规模养猪实用技术	22.00

以上图书由全国各地新华书店经销。凡向本社邮购图书或音像制品,可通过邮局汇款,在汇单"附言"栏填写所购书目,邮购图书均可享受9折优惠。购书30元(按打折后实款计算)以上的免收邮挂费,购书不足30元的按邮局资费标准收取3元挂号费,邮寄费由我社承担。邮购地址:北京市丰台区晓月中路29号,邮政编码:100072,联系人:金友,电话:(010)83210681、83210682、83219215、83219217(传真)。